punctum 009

Josef H. Reichholf

Die Bereinigung der Natur

Matthes & Seitz Berlin

Inhalt

Vorbemerkung

Pflanzenschutzmittel sind umstritten. Die meisten mussten nach Jahren ihres Einsatzes wieder vom Markt genommen werden, weil sich Schäden zeigten, mit denen nicht gerechnet worden war. Besonders um das Glyphosat, das Allround-Pflanzenvernichtungsmittel, tobt seit Jahrzehnten ein regelrechter Kampf. Dieser erinnert an die 1960er und 1970er Jahre, als es um DDT, das Wundermittel der Insektenvernichtung ging. Wie damals liegen die wirtschaftlichen Vorteile von Glyphosat und seine Auswirkungen auf Menschen und Umwelt so weit auseinander, dass eine ausgewogene Bilanzierung geradezu unmöglich anmutet. Wie soll das Schwinden von Lerchen und Schmetterlingen, der Blumen und Kräuter »verrechnet« werden gegen die Vorteile und Gewinne, die der Einsatz von Glyphosat und anderen Pflanzenschutzmitteln den Landwirten, den Herstellern und über die niedrigen Preise auch den Konsumenten bringt? Welche Gewichtung kommt Umweltschäden zu? Wie ist die mögliche Auslösung von Krebs zu beurteilen, die sich sehr schwer, wenn überhaupt, auf direkte Wirkungen von Pflanzenschutzmitteln zurückführen lässt? Müssen wir negative Effekte einfach in Kauf nehmen, weil wir so billige Lebensmittel haben wollen? Welche Rolle spielen die staatlichen Subventionen, also die Leistungen, die der Gesellschaft über die Steuermittel abverlangt werden, für die Problematik, die durch den umfassenden Einsatz von Agrochemie entstanden ist? Überproduktion war und ist ihre Folge: Butterberge, Milchseen und Massen von Billigfleisch; auch Getreidemengen, die so groß wurden, dass sie bei Verwertung als Brennstoff für Pelletheizungen finanziell mehr brachten als für Brotgetreide. Die Massenproduktion verursachte eine Bereinigung der Natur. Sie war nicht notwendig, um die Bedürfnisse der Bevölkerungen zu decken, von denen die Subventionen kommen. Die Überproduktion drückte dagegen die erzielbaren Preise für die Landwirte. Global geriet sie zur erdrückenden Konkurrenz für wirtschaftlich schwächere Länder und löste desaströse soziale und politische Folgen aus. Zudem trägt sie am meisten zur Erwärmung des Klimas bei. Der Klimawandel ist keineswegs nur vom Autoverkehr verursacht. Vielmehr entfällt auf die moderne Landwirtschaft der Großteil der freigesetzten klimawirksamen Gase. Wir haben es also mit einem der global bedeutendsten Probleme zu tun. Eine halbwegs erschöpfende Behandlung würde den Umfang jedes Buchs sprengen, es kann hier daher nur um Facetten gehen, die den ganzen Komplex umreißen. Glyphosat ist ein Aufhänger, nicht das zentrale Problem. Aber an seinem Beispiel lässt sich verdeutlichen, worum es insgesamt geht.

Sollte Glyphosat tatsächlich nach dem 31. Dezember 2023 EU-weit und damit auch in Deutschland nicht mehr zulässig sein, stellt sich die Frage: Was dann? Die Agrarindustrie wird nicht akzeptieren, dass danach das »Unkraut« rein mechanisch wie früher kurzzuhalten ist. Neue Gifte werden nachfolgen und großflächig eingesetzt werden. Ob sie besser sind und weniger Neben- und Nachwirkungen zeigen, wird wiederum erst nach Jahren oder Jahrzehnten zu sehen sein. Von dieser Verzögerungszeit profitieren Hersteller und Anwender. Die Zeit der Anfangserfolge und der Unsicherheit über die weiteren Folgen ist ihre große Zeit; die Phase, die Gewinne bringt. So war es von Anfang an, von DDT, Aldrin und Dieldrin über alle Pflanzenschutzmittel, die in großem Stil eingesetzt wurden. Gegen den anderen Ansatz, die Nutzpflanzen selbst für die sie schädigenden Insekten, Pilze und die Erreger von Krankheiten unverwertbar zu machen, wehren sich politisch höchst wirksame Gruppierungen der Bevölkerung wegen unkalkulierbarer Risiken, die sie befürchten. Sie bekämpfen diesen noch stärker als den Gifteinsatz und lehnen »Gentechnik« kategorisch ab. Ähnliche Widerstände richten sich gegen den Masseneinsatz von Organismen zur biologischen Schädlingsbekämpfung, denn auch diese könnten ausbrechen aus der ihnen zugedachten Funktion und unabsehbare Folgen anderweitig in der Umwelt zeitigen. Das Dilemma von Massenproduktion, die so anfällig ist für Wetter und Klima, und den Erfordernissen von Menschen-, Umwelt- und Naturschutz wird also weiter bestehen. Aus grundlegend ökologischen Gegebenheiten muss sogar die Diskrepanz zwischen notwendiger und gewünschter Produktivität einerseits und dem sogenannten Naturhaushalt andererseits aufrechterhalten werden, weil Überschüsse nur fern vom Gleichgewicht in der Natur zustande kommen.

Die eigentliche Herausforderung besteht somit darin, hinreichend stabile Ungleichgewichte aufzubauen. In der seit dem Umweltgipfel von Rio 1992 bestehenden Zielsetzung von ›nachhaltiger Entwicklung‹ stecken diese stabilen Ungleichgewichte. Ob es gelingt, solche zu erzielen, ist eine der Kernfragen für die Zukunft. Denn es wird noch lange dauern, bis die Menschheit ihr Anwachsen beendet und in ein globales Populationsgleichgewicht einschwenkt. Und selbst dann wird sie sich auch nur aus Ungleichgewichten ernähren können. Die seit Jahrzehnten laufenden und die gegenwärtig wieder besonders intensiv diskutierten Veränderungen in »der Natur« sind Bioindikatoren.

Das Schwinden der Lerchen und Blumen sollte als Anzeiger gedeutet und nicht als romantische Schwärmerei missverstanden werden. Zu den chemischen und ökonomischen Fakten gehört der Wirkraum, den wir Natur zu nennen pflegen, wenn auch diese künstliche Welt von natürlich gewordener Natur weit entfernt ist. Die Ökologie, die die umfassendere Betrachtungsweise vertritt, wird von der Landwirtschaft aus ihren Kalkulationen und Bilanzen weitestgehend ausgeklammert. Sie kann nichts damit anfangen, wenn »der Naturhaushalt« einem Organismus gleichgestellt wird. Und noch weniger mit der Forderung, dass dieser einen fein geregelten, festen Zustand einzuhalten habe. Dieser Zustand, der vor Beginn des Zeitalters der Chemie geherrscht hatte, würde die Welt als beste aller Welten charakterisieren. Wir müssten zu ihm wieder zurückfinden. So die vielfach geäußerte Vorstellung. Doch ist sie realistisch? Deckt sich so ein Wunschbild mit den Befunden der wissenschaftlichen Ökologie? Auch solche Aspekte werden nachfolgend anklingen. Die Natur enthält und erzeugt tödliche Gifte in großer Fülle. Warum sollte sie dann nicht auch mit den künstlich (chemisch) hergestellten Stoffen zurechtkommen? Lassen sich »natürlich« und »künstlich« so klar trennen, wie es dem Wortlaut zufolge scheint? Fragen über Fragen, in die man sich verlieren kann. Vieles muss nun vereinfacht werden. Das macht es Kritikern leicht, gleichgültig, aus welcher Richtung sie argumentieren. Dennoch sei dieser Essay gewagt.

Unter Brücken

Dschungelartig wuchert der Auwald am Fluss. Über der schmalen Uferstraße schließen sich im Sommer hohes Buschwerk und Baumkronen zum Hohlweg. Spaziergänger und Jogger benutzen den Weg gern. Zum Ausführen von Hunden ist er ideal. Die grüne Uferidylle stört lediglich der Lärm der Autobahn, die auf einer mächtigen Brücke den Fluss überquert. Als Bauwerk beeindruckt sie mit ihrer Wucht und der klaren Linienführung. Ihre funktionale Technik kontrastiert zur strukturlosen Üppigkeit der Auwaldnatur daneben. Oft ging ich mit unserem Hund unter der Brücke hindurch den Fluss entlang. Er beschnüffelte alles sehr genau und setzte alle paar Meter mit angehobenem Bein seine Duftmarke. Doch unter der Brücke lief er schnell und geradlinig weiter. Erst ein paar Meter danach fing er sein normales Kontroll- und Markierverhalten auf dem Uferweg wieder an. Es dauerte, bis mir auffiel, dass unter der Brücke nichts wuchs. Absolut nichts. Kein Pflänzlein, kein Grashalm. Der Boden war immer völlig frei von Bewuchs. Die gewaltigen Brückenpfeiler ragten daraus hervor wie frisch gesetzt. Jenseits des Flusses das gleiche Bild. Vollwüste aus Steinen und Staub. Auch wenn es viel geregnet hatte. Dann floss graubraunes Wasser über die Uferkante zum Fluss hinunter. Kleine Canyons schnitt es in die Böschung und legte die Granitblöcke frei, mit denen das Ufer gesichert worden war. Vollwüste nicht nur unter der Autobahnbrücke, sondern bereits seitwärts, wo ungehindert Regen und Licht hingelangen. Das Buschwerk des Auwaldes, das kaum dichter hätte werden können, endet wie abgeschnitten meterweit vor der Fläche unter der Brücke.

Der Hund hatte es seltsam eilig durchzukommen. Alle Hunde verhielten sich so. Keiner markierte am mächtigen, aus Menschensicht dafür ideal geeigneten Brückenpfeiler. Offenbar fand ihre Nase nichts oder nichts Gutes. Allmählich wurde mir die Brückenzone unheimlich. Denn je genauer ich darauf achtete, desto deutlicher wurde, dass nicht nur keine Pflanzen wuchsen. Es gab auch keine Tiere. Spinnen mochten sich gelegentlich dorthin verlaufen. Einzelne Schmetterlinge, Kohlweißlinge meistens, flogen über die völlig nackte Fläche zum anderen »Ufer« hinüber, als ob ein Gewässer zu überqueren wäre. Nie suchten Finken unter der Brücke nach Sämereien, wie sie das auf dem Uferweg taten. Es gab offenbar nichts zu holen. Die Üppigkeit des Auwaldes trug nichts hinein auf diesen weiten offenen Boden. Plötzlich kam die Erkenntnis, die den

»Fall« zur Regel werden ließ: Unter anderen Brücken sieht es genauso aus. Es wächst und gedeiht nichts. Nur wenn sie klein und niedrig sind, fällt dies nicht so auf wie bei der hohen Autobahnbrücke. Also musste der Boden behandelt worden sein mit etwas, das alles Wachstum verhindert und ihn weitestgehend steril hält. Das Mittel, das wahrscheinlich dafür benutzt wird, trägt verschiedene Handelsnamen, weil es für unterschiedliche Zwecke jeweils etwas verschieden zusammengesetzt ist. Der entscheidende Wirkstoff ist meistens eine chemische Verbindung namens Glyphosat. Es ist potent genug, alles Wachstum zu unterbinden und damit auch alles Tierleben unmöglich zu machen, sofern es regelmäßig genug angewandt wird.

Doch einmal keimte dort etwas. Große Blätter entwickelten sich. Blüten kamen. An den Blättern ließ sich erkennen, was da aus dem vergifteten Boden spross. Als sich Blüten öffneten, gab es keinen Zweifel mehr: Tollkirschen. Diese Giftpflanze schafft es also, aus dem vergifteten Boden aufzuwachsen. Zur Beerenreife kamen die Tollkirschen nicht. Man hatte die Stauden entdeckt und entfernt. Wie dies geschah, bekam ich nicht mit. Jedenfalls herrschte danach wieder die makellos graue Leere. Vermutlich wurde mit der Entfernung der Giftpflanzen heftig nachvergiftet. Wie es die Vorschrift vorsieht. In aller Gründlichkeit wird sie umgesetzt. Oder aus Bequemlichkeit, weil Gift zu sprühen kaum Arbeit macht.

Warum aber darf unter hohen Straßenbrücken kein Gras wachsen? Vertragen diese gewaltigen Gebilde aus Beton mit Stahlskelett keine Gräser und Blumen unter sich? Die Standfestigkeit der Brücken gefährdet ein Bewuchs gewiss nicht, der den Boden abdeckt und davor schützt, ausgewaschen zu werden. Eher ist das Gegenteil der Fall, wenn starke Hochwasser den Boden unter der Brücke wegspülen, den keine Pflanzendecke absichert. Wie man es dreht und wendet, eine überzeugende Begründung für das Totalvergiften des Bodens unter Brücken kommt nicht zustande. Die Jugendlichen, die sich dort im Sommer gelegentlich treffen und Musik hören oder mit einer Gitarre musizieren, denken wohl nicht an Glyphosat. Mit dem vom kalten Fluss her fast immer etwas wehenden Wind atmen sie Staub, der das benutzte Gift enthalten kann, worum es sich dabei auch handeln mag. Es muss viel davon im Boden sein, sonst würde er den Sommer über nicht so völlig pflanzenfrei bleiben. Mit dem Regen wird es in den Fluss gewaschen, wie die Abflussrinnen zeigen. Schädlich? Gefährlich? Für wen? Korrekte Anwendung? Warum überhaupt die Vergiftung?

Ein Anglerplatz ein paar Hundert Meter weiter flussabwärts fügte eine weitere Facette an. Die Stelle war offensichtlich mit einem Pflanzenvernichtungsmittel behandelt worden. Auf fünf bis sechs Metern war das Ufer völlig pflanzenfrei mit vergilbenden Randzonen zur ansonsten genauso üppig wuchernden Vegetation wie neben der Autobahnbrücke. Mittel, die das leisten, sind leicht zu bekommen. Sie werden überall in Gärten und auf öffentlichen Anlagen eingesetzt. Ganz legal. Ohne Giftschein. Und wie bequem sie sind. Kurz gesprüht, und man ist das lästige Wachsen los. Fluch oder Segen, Vernichtung oder Schutz? Angemessen oder überzogen? Wer soll wie werten?

Erinnerungen

In meinem kleinen Heimatdorf in Niederbayern sah es in den 1950er und frühen 1960er Jahren ganz anders aus als gegenwärtig. Am Dorfrand begannen die Wiesen und Felder. Über die Wiesen ging es zum Auwald am Fluss, über die Felder hinaus zum Forst. Die Straßen säumten Obstbäume. Im Spätsommer und Herbst trugen sie reichlich Äpfel und Birnen; Mostobst. Viel blieb liegen. Wir Kinder bedienten uns daran. Auch Wespen, Schmetterlinge und Vögel. Im Frühsommer und Sommer wimmelte es über den Wiesen nur so von Schmetterlingen. Das sind keine nostalgischen Wunschbilder. Meine Aufzeichnungen beweisen, dass es wirklich so war. Lerchen sangen so viele, dass ich Mühe hatte, sie zu zählen, als ich anfing, ornithologische Tagebücher zu führen. Rebhühner riefen im Frühjahr überall auf den Fluren. In den Abendstunden war ihr »kirrreck, kirrreck« bis ins Dorf zu hören. Auf den spätherbstlichen Treibjagden wurden Hasen und Fasane in solchen Mengen erlegt, dass die Jagdstrecke auf von Pferden gezogenen Wägen ins Dorf gefahren wurde. Dennoch gab es im Frühjahr Niederwild, als ob keine Jagd stattgefunden hätte.

In den Getreidefeldern wuchsen Blumen. Besonders viele gab es auf den Rainen, die als dichtes Netzwerk die Flur gliederten. Die Artenlisten von damals lesen sich heute wie die Beschreibung der Ausstattung eines Kräutergartens. Pflanzen sind dabei, die ich seit vielen Jahren nicht mehr sah. Wie die Kornrade oder den Echten Frauenspiegel. Längst stehen sie in den Roten Listen gefährdeter Arten. Anfang Mai schwärmten die Maikäfer. Alle drei Jahre gab es so viele davon, dass die Kinder zum Absammeln hinausgeschickt wurden. Die Maikäfer bekamen die Hühner. Die danach von ihnen gelegten Eier schmeckten nussig.

In der Erinnerung tauchen aber auch Eindrücke auf, die ich lieber nicht mitbekommen hätte. Mit Kuh- oder Ochsengespannen, selten auch mit Pferdewagen, fuhren die Bauern zu den Feldarbeiten. Die langsam gehenden Zugtiere wurden fast automatisch mit Peitschenschlägen angetrieben. Meine Großmutter, die zwei Kühe im Stall hatte, schlug sie nicht. Weil sie viel Milch geben sollen, wie sie mir erklärte. Ihre Kühe brauchten unterwegs viel länger, weil sie immer wieder stehen blieben und am Rand der Feldwege Kräuter fraßen. Da halfen keine Zurufe. Sie musste eine der beiden Kühe am Halfter fassen, den Kopf anzuheben versuchen und sie mit Ziehen zum Weitergehen bewegen. Bald beendeten Traktoren die Schinderei der Zugtiere. Pferde gab es dann kaum noch auf den Bauernhöfen. Die Kuhhaltung wurde auf Hochleistungsmilchvieh umgestellt, das im Stall blieb. Meine Großmutter hatte ihren kleinen Betrieb vor der großen Umstellung in der Landwirtschaft aufgegeben, wie die meisten Kleinbauern im Dorf auch. Das »Bauernsterben« hatte eingesetzt. Die ganz große, die entscheidende Veränderung brachte die Flurbereinigung. Sie vernichtete mit einem Schlag das kleinteilige Mosaik der Flurstücke und ersetzte es durch maschinengerecht große Flächen.

Die neue Zeit in der Landwirtschaft fing in den 1970er Jahren an. Symbol dafür ist der Maisanbau. Sein Siegeszug startete in meiner Heimat im südöstlichen Niederbayern. In wenigen Jahren verdrängte er fast alle anderen Feldfrüchte. Die Dörfer im Flusstal wurden zu Inseln, die im Winterhalbjahr von der Vollwüste nackter Schollen, im Sommer aber von der grünen Flut des Maises umgeben waren. Von den Feldwegen aus waren im Hoch- und Spätsommer die Kirchtürme kaum noch und schließlich gar nicht mehr zu sehen, weil der Mais bis drei Meter hoch aufgewachsen war. Die Erträge stiegen und stiegen. Dennoch stiegen immer mehr Bauern aus. Der Druck zu wachsen ruinierte sie.

Lerchen sangen nun keine mehr. Es gab keine Rebhühner und Goldammern, keine Schmetterlinge und Feldblumen. Das Zirpen der Grillen hörte auf.

Die Wiesen verschwanden. Sie wurden umgebrochen, um weiteres Maisland zu gewinnen. Oder sie wurden hochgedüngt zum EU-Einheitsgrün mit Güllefluten, die von der Massenviehhaltung, insbesondere von der Schweinemast, erzeugt wurden. Alljährlich stank es besonders schlimm, wenn gegen Ende des Winters die vollen Tanks geleert werden mussten. Dann wurde oft schon auf Schnee das Land mit Gülle überschwemmt. Die zweite große Flut erhielten die frisch abgeernteten Gersten- und Weizenfelder im Hochsommer zur Zeit der Sommerferien. Der dritte Schwall folgte im Spätherbst, wenn der Mais geerntet war und die Gülledepots leer sein mussten für die Wintermonate. Die Phasen dazwischen blieben auch nicht güllefrei. Von Mai bis in den Oktober folgte die braune Flut jedem Grasschnitt. Die Mengen wurden mit steigenden Viehzahlen und deren Stallhaltung immer gewaltiger. Im Güllegestank drückte sich aus, wie sich die Landwirtschaft nach den Flurbereinigungen weiterentwickelte und wie das »Bauernsterben« seinen Lauf nahm.

Die Landwirte, die im Verdrängungswettbewerb bestanden, brachten einen schier unglaublichen Anstieg der Produktion zustande. Erträge wurden möglich und alsbald normal, die man ein halbes Jahrhundert vorher für unmöglich gehalten hätte. Eine immer geringere Zahl Landwirte bewirtschaftete immer größere Betriebflächen mit immer gewaltigeren Maschinen, die im Kaufpreis längst Luxuslimousinen übertreffen. In nur einer Generation waren aus Bauern Agrarunternehmer geworden. Für nostalgische Rückblicke, »wie es früher war«, ist kein Platz in ihrem Leben, in dem sie mehr mit modernen Computern umgehen als so manche Akademiker.

Begleiterscheinungen dieser Entwicklung waren massive Überdüngung der Fluren und eine Überproduktion, die seit gut einem halben Jahrhundert ungeheure Kosten für die Gesellschaft verursacht, da weit über den Bedarf produziert wird. Butterberge, Milchseen, Getreideschwemmen und Fleischberge entstanden in dichter Folge, begleitet von einer schier nicht enden wollenden Serie von Lebensmittelskandalen. Es gab nicht nur des Guten zu viel, sondern Begleiterscheinungen übelster Art, die sich nicht achselzuckend als Kollateralschäden abtun ließen. Eine ungeheuerliche Vernichtung von Arbeitsplätzen verlief parallel. Die Zahl der Erwerbstätigen in der deutschen Landwirtschaft nahm seit den 1960er Jahren um etwa 90 Prozent ab. Erstaunlicherweise geschah dies ohne nennenswerte Gegenwehr der Betroffenen. Sogar die üblichen Aufschreie unterblieben, die ansonsten beim Wegfall einer größeren Zahl von Arbeitsplätzen wenigstens kurzzeitig öffentliche Aufmerksamkeit erregen (wollen). Es steckt viel Rätselhaftes in der Landwirtschaft. Das größte Rätsel ist die öffentliche Unterstützung, die Subventionierung. Milliarden um Abermilliarden flossen und fließen ihr zu, 2019 fast 60 Milliarden Euro in der EU, was 114 Euro pro Einwohner entspricht. Diese Geldmengen isolieren die Landwirte immer mehr von der Gesellschaft, anstatt sie zu integrieren. Fühlen sie sich wieder einmal an den Pranger gestellt, fahren sie mit Traktorkolonnen wie eine invasive Armee nach Berlin (Herbst 2019), um gegen das Bauern-Bashing zu demonstrieren. In den Naturschützern sehen sie ihren Hauptfeind, und zwar nicht erst seit es diesen in Bayern mit einem Volksbegehren (zur Erhaltung der Biodiversität, genannt »Rettet die Bienen!«) gelang, ein Mehrfaches an Wählerstimmen zu mobilisieren, als es Bauern in diesem Bundesland gibt. Die Bayerische Staatsregierung sah sich gezwungen, die vom Volksbegehren angestrebte Ergänzung des Bayerischen Naturschutzgesetzes vollinhaltlich zu übernehmen, um zu verhindern, dass auf das Begehren ein Volksentscheid folgte. Dieser wäre mit Sicherheit erfolgreich gewesen.

Die protestierenden Landwirte bringen nun vor, dass die Umsetzung der zusätzlichen, vergleichsweise winzigen und in anderen Bundesländern längst gültigen Ergänzungen sowie das Ende der Benutzung von Glyphosat ihre Existenz gefährde. Dass der Hauptfeind der Landwirte, dessen Konkurrenz sie erliegen, aus den eigenen Reihen kommt, wird im Konflikt geschickt ausgeblendet. Denn gegenwärtig bewirtschaften 3,1 Prozent der Betriebe bereits 50 Prozent des Agrarlandes. Die vielen Landwirte, die sich tatsächlich in wirtschaftlich prekärer Lage befinden, richten ihre Wut also gar nicht gegen die wirkliche Gefahr. Im Konflikt zwischen den berechtigten Forderungen der Gesellschaft, die die Subventionen gibt, und den Notwendigkeiten von Umwelt- und Naturschutz, insbesondere auch des globalen Klimaschutzes, geraten die kleineren Betriebe zum politisch letztlich gewollten Bauernopfer. Weit weniger betroffen sind die Großbetriebe. Diese profitieren von verschärften Umweltauflagen, die im EU-Agrarförderungssystem die bäuerliche Landwirtschaft wegrationalisieren. In der Landwirtschaft verhält es sich wie überall in der kapitalistischen Wirtschaft: Die größte Gefahr für die Kleinen geht von den Großen aus; weit weniger von »den anderen«, die in partnerschaftlicher Wechselwirkung stehen. Dass Lebensmittel in den Supermärkten so billig zu haben sind, liegt am Überangebot, das den

Preis drückt und den Trend in die Massenproduktion weiter verstärkt. Das zugrunde liegende Prinzip trägt einen bezeichnenden Namen: Teufelskreis (*Circulus vitiosus*).

Glyphosat: Teufelszeug oder nur zu viel des Guten?

Seit einem Vierteljahrhundert steht Glyphosat im Brennpunkt der Diskussion um Nutzen und Folgen des Einsatzes von Pflanzenschutzmitteln. Es ist die Kurzform der chemischen Bezeichnung für N-Phosphonomethylglycin. Dieses setzt sich zusammen aus der Aminosäure Glycin und dem phosphorsäurehaltigen Phosphonomethyl. Der Stoff ist löslich in Wasser (12 Gramm in einem Liter bei 25 Grad Celsius) und als Feststoff beständig (Schmelzpunkt bei rund 200 Grad Celsius). Als Herbizid-Wirkstoff entdeckt wurde es von einem Mitarbeiter der damals noch amerikanischen Firma Monsanto. 1974 wurde für Glyphosat ein US-Patent erteilt, im Juni 1975 erhielt es in Deutschland die Zulassung. Nach Ablauf des Patentschutzes im Jahre 2000 übernahmen andere Firmen, vor allem in China, die Herstellung des insbesondere als »Roundup« international bekannt gewordenen Herbizids. Seine große Zeit brach an, als gentechnisch veränderte Sorten von Mais, Soja, Raps und Baumwolle auf den globalen Markt kamen, die gegen Glyphosat resistent gemacht sind. Ihre Hauptanbaugebiete liegen in Nord- und Südamerika sowie in Indien. Glyphosatbeständige Sorten wachsen gegenwärtig auf rund 80 Prozent der Weltanbaufläche für Soja.

Anfänglich wusste man nicht, warum dieser Stoff ein so starkes Herbizid ist. Inzwischen ist bekannt, dass Glyphosat wirkt, wenn es in die Pflanze eindringt. In dieser blockiert es ein für das Wachstum wichtiges Enzym. Das Enzymsystem, in das dieses eingebunden ist, kommt nur in Pflanzen vor und bei einigen Bakterien, nicht aber in Tieren. Für sie ist Glyphosat daher unwirksam. Aus der Hemmung des pflanzlichen Enzymsystems ergibt sich die enorme Breitenwirkung dieses Herbizids. Am besten wirkt Glyphosat, wenn es über die Blätter in die zu treffenden Pflanzen gelangt. Damit dies geschieht, werden Stoffe beigemengt, die die Aufnahme verstärken, Adjuvantien genannt. Deren unterschiedliche Zusammensetzung führt dazu, dass es verschiedene »Formulierungen« von Pflanzenschutzmitteln mit Glyphosat gibt.

Haupthersteller sind neben Monsanto chinesische Chemiefirmen. Durch Überkapazitäten nach Ablauf des Patentschutzes kam ein Preisverfall zustande, der das Mittel außerordentlich billig machte. Hauptabnehmer sind gegenwärtig Brasilien, Argentinien, die USA und Australien. Die in Europa eingesetzten Mengen sind vergleichsweise gering. Das liegt vor allem daran, dass in der EU gentechnisch veränderte Nutzpflanzen nicht zugelassen sind. Dennoch stellt die Landwirtschaft den Hauptabnehmer dar, obgleich Glyphosat insbesondere bei der Bekämpfung von Aufwuchs an und auf Verkehrstrassen, aber auch im Obst- und Weinbau in großen Mengen eingesetzt wird. Global hat sich die Anwendung dieses Pflanzenschutzmittels von 1995 bis 2014 auf 826 000 Tonnen verzwölffacht und ist nun auf über eine Million Tonnen pro Jahr angestiegen. Zu den Hauptnutzpflanzen, an denen Glyphosat angewendet wird, ist Winterweizen hinzugekommen.

Die in Deutschland eingesetzte Menge lässt sich auf 5 bis 6 000 Tonnen pro Jahr abschätzen. In Österreich und in der Schweiz waren es hingegen nur etwas über 300 Tonnen. Der Grundpreis pro Kilogramm bewegt sich zwischen 10 und 12,5 Euro; bei Bezug aus China liegt er etwa bei der Hälfte. Die Händlerpreise sind zwar höher, in Deutschland aber unter 20 Euro pro Kilogramm. In Anbetracht der hohen Wirksamkeit sind dies sehr niedrige Preise. Als Nebenkosten in der Anwendung fallen sie verglichen etwa mit der Unkrautentfernung per Handarbeit nicht ins kalkulatorische Gewicht. Glyphosat ist ein Milliardengeschäft. Selbst in Deutschland erzielt die pro Jahr umgesetzte Menge zweistellige Millionenbeträge. Nach einer vor zehn Jahren veröffentlichten Studie der Universität Göttingen wird Glyphosat auf rund 40 Prozent der Ackerflächen ausgebracht. Am intensivsten behandelt werden Winterraps (zu fast 90 Prozent), Hülsenfrüchte (über 70 Prozent) und Wintergerste (65 Prozent); am wenigsten mit etwa 10 Prozent Feldkartoffeln. Umfassende Anwendung erfährt Glyphosat im Wein- und Obstbau mit Einsatz auf 60 bis 80 Prozent der Betriebsflächen, allerdings konzentriert auf den Boden um die Stämme. Zu wenig beachtet, doch in der Gesamtfläche beträchtlich ist der Einsatz glyphosathaltiger Mittel an Verkehrswegen. Das geschilderte Beispiel »Unter Brücken« illustriert dies und unterstreicht, dass nicht allein die Landwirtschaft Pflanzenschutzmittel in großem Umfang verwendet. Bei der Vergiftung der Flächen unter Brücken geht es sogar nur um bequeme, wenig arbeitsaufwendige Pflegemaßnahem, nicht um verwertbare Produktion, die dadurch gefördert werden soll.

Die Zulassung der Wirkstoffe in Pflanzenschutzmitteln regelt die EU-Verordnung EG Nr. 1107/2009. Die gegenwärtige Zulassung wäre bereits ausgelaufen, hätte sich der damals an sich gar nicht mehr voll im Amt befindliche deutsche Landwirtschaftsminister der Stimme enthalten, wie das von der Berliner Koalition vorgesehen gewesen war. So aber ist Glyphosat noch bis Ende 2022 erlaubt. Die Gründe für die Hinauszögerung sind bekannt. Die Landwirtschaft wehrt sich mit allen Mitteln gegen das Verbot, obwohl Glyphosat seit Jahrzehnten auf das Heftigste kritisiert wird. In den USA gab es langwierige Gerichtsverfahren gegen Monsanto, das hohe Summen an die Kläger leisten musste. Die *Akte Glyphosat*, so der Titel eines international bekannt gewordenen Buches, enthält eine Flut von Anschuldigungen, in die zunehmend auch die Genehmigungsbehörden hineingezogen werden, weil sie akzeptieren, dass die entlastenden Gegenbelege von den Herstellern selbst geliefert werden – wie auch die Prüfungen, die für die Zulassung nötig (gewesen) sind. Deshalb ist es angebracht, hier einen kurzen Blick auf die Zulassungsverfahren und die damit verbundene Bewertung der Stoffe zu werfen.

Pflanzenschutzmittel werden vor der Zulassung gründlich getestet. Daran kann kein Zweifel bestehen. Angebracht sind Bedenken jedoch, wenn wesentliche Teile der Überprüfungen von den Antragstellern selbst vorgenommen werden. Und zwar aus zwei Gründen: Erstens sind die firmeninternen Tests klar anwendungsorientiert. Das ist ebenso notwendig wie logisch, denn die Wirkstoffe sollen sich in der Anwendung bewähren. Zweitens bedeutet aber gerade diese Ausrichtung, dass die Prüfungen hochgradig standardisiert sind. Sie sollen gegebenenfalls nachprüfbar, also wiederholbar sein. Damit wird zwangsläufig nur ein Ausschnitt aus der Umwelt erfasst, auf den die Stoffe einwirken können; auf die Anwendung im Freien bezogen ein recht kleiner. Im Verhältnis dazu sind die globalen Einsatzmöglichkeiten schier grenzenlos. Die strenge Standardisierung vermindert sogar die Wahrscheinlichkeiten, dass Nebenwirkungen erfasst werden, die es bei Einsatz der Mittel »in guter fachlicher Praxis« nicht geben sollte. Die vorgeschriebenen Tests können nicht mehr leisten, als eine Brücke zur Wirklichkeit zu bilden, in der sich die Mittel bewähren müssen. Hinzu kommt, dass die Zulassungsbehörden weder personell-zeitlich noch finanziell-institutionell über die Möglichkeiten verfügen, selbst unabhängige und von den Vorschriften abweichende Tests zu machen. Die Folgen sind bekannt: Die zunächst jeweils voller Zuversicht zugelassenen Pflanzenschutzmittel bilden eine Kette von Fehlschlägen, vom DDT bis in die Gegenwart, weil sich Neben- und Folgewirkungen erst mit jahre- bis jahrzehntelangen Verzögerungen gezeigt hatten; Wirkungen, mit denen man nicht gerechnet hatte, die aber so gravierend waren, dass für die einstigen Wundermittel die Zulassung wieder entzogen werden musste. Doch dies geschieht nicht gleichzeitig und definitiv überall, sondern von Land zu Land sehr schleppend. Für die Hersteller läuft ein ähnlicher Prozess ab wie bei den Antibiotika und ähnlichen Medikamenten, gegen die die Krankheitserreger nach und nach Resistenzen entwickeln. Die mehr oder weniger kurze Zeit erfolgreicher Anwendung trägt hohe Gewinne ein – finanzielle wie auch an Menschenleben. Diese Gewinne finanzieren die weitere Forschung nach neuen Wirkstoffen. Die alten werden ersetzt, bevor sie ihre Wirksamkeit zu sehr eingebüßt oder zu große Schäden angerichtet haben. Als Geschäftsmodell ist das durchaus nachvollziehbar. Als Gesundheitsmodell auch. Aber Geschäft und Gesundheit sind nicht alles.

Auf die Pflanzenschutzmittel bezogen existiert in der EU eine Positivliste von 493 zugelassenen Wirkstoffen (Stand Februar 2018). Pro Jahr kommen etwa 10 hinzu. Der Genehmigungsprozess dauert zwei bis dreieinhalb Jahre. Für ein neues Mittel – gerechnet von dessen Beginn an – gibt es bis zur Erteilung der Zulassung bereits 20 bis 30 weitere Anwärter. Mit einer gravierenden Folge: Bei dieser Fülle mehr oder weniger unterschiedlicher Wirkstoffe ist es faktisch unmöglich, Wechselwirkungen zu testen. Die Kombinationsmöglichkeiten gehen schlicht ins Unendliche. Nicht einmal mit Computerberechnungen ließen sich auch nur ansatzweise Szenarien für synergistische oder antagonistische (Neben-)Wirkungen erstellen. Die Komplexität reicht ins Astronomische. Daraus folgt, dass vor der Zulassung übermäßig und weitgehend unnötig viel getestet wird, obgleich man weiß, dass die Ergebnisse nur bedingt brauchbar sein werden, bis die Wirklichkeit konkrete Resultate bringt. Nicht im Hinblick auf die Wirksamkeit für die Nutzpflanzen: Hierfür taugen die Tests in aller Regel. Sondern bezogen auf die Umwelt. Die Hersteller mit unvorhergesehenen Wirkungen anzuklagen, geht an der Realität der Verhältnisse vorbei. Viel spricht dafür, dass (viel) weniger Vorab-Tests und entsprechend schnelle Feldzulassung mit Inkaufnahme von unerwarteten Schäden mittel- und langfristig bessere Resultate erbringen würden. Vorausgesetzt, die Anwendung kann dann auch unverzüglich eingestellt werden, sobald sich Schäden zeigen. Denn letztlich stellt der Einsatz der Mittel in der Praxis irgendwo auf der Erde nichts anderes als ein Großexperiment dar. Wie lange und wie umfangreich die Anwendung eines Pflanzenschutzmittels fortgeführt werden darf, steht nach erfolgter Genehmigung nicht mehr zur Debatte. Denn mit dieser ist das Mittel zunächst einmal auf begrenzte oder auch unbegrenzte Zeit »frei«. Es wird nicht weiter auf seine Auswirkungen kontrolliert, weil es ja die Zulassung bekommen hat – bis Schäden unübersehbar werden. Möglichst lange werden diese nicht akzeptiert. Die Genehmigung wirkt als Schutz. Die Genehmigungsverfahren verursachen so einen wesentlichen

Teil der Problematik: Sie bremsen schnelleres Lernen und rascheres Reagieren. Schäden oder Folgelasten, wie beim DDT, werden durch das Hinauszögern vergrößert. Das Vertrauen der Bevölkerung schwindet. Sie strebt eine möglichst giftfreie Nahrung und Umwelt an.

Diese allgemeine Betrachtung trifft heruntergebrochen auf Glyphosat im Wesentlichen auch zu. Die aktuellste im Internet frei zugängliche Liste der in Deutschland zugelassenen Pflanzenschutzmittel von 2018 umfasst 105 Präparate, die Glyphosat und Additive enthalten, die seine Wirkung fördern. Rund die Hälfte davon, 51 Produkte, sind für den Hausgebrauch verfügbar. Die zugehörigen Zulassungsberichte können via Internet zwar eingesehen werden, aber Textpassagen wurden geschwärzt, sodass volle Offenheit nicht gegeben ist. EU-verbindlich sind die Zulassungen nicht automatisch, denn in Österreich sind nur 49 Produkte mit Glyphosat genehmigt. Offenbar hängt es vom Druck der Nutzer und Hersteller ab, wie die einzelnen Mitgliedsländer und die Staaten weltweit reagieren. Die »Ökologie« ist jedoch sicherlich in Österreich nicht anders als in Deutschland. Umweltverträglichkeit müsste gleichermaßen gegeben sein. In Deutschland prüft und bewertet das Julius-Kühn-Institut als Bundesinstitut für Kulturpflanzen die

Wirksamkeit der Mittel, die Resistenzen und die Auswirkungen auf die betroffenen Pflanzen sowie speziell auf Bienen. Getrennt davon beurteilt das Bundesinstitut für Risikobewertung (BfR) die möglichen Gefahren des Mittels in Bezug auf die Gesundheit von Mensch und Tier sowie auf Rückstände in Lebens- und Futtermitteln. Die Verträglichkeit für den Naturhaushalt hat das Umweltbundesamt (UBA) festzustellen. Allein der Ausdruck Naturhaushalt sagt bereits aus, dass die theoretisch-formalen Ansprüche weit höher angesetzt sind, als dies konkret möglich ist. Denn niemand, auch kein professioneller Ökologe kann feststellen und abgrenzen, was »der Naturhaushalt« sein soll. Im Endeffekt wäre die gesamte Biosphäre gemeint, weil es nirgendwo feste, für Stoffe unüberbrückbare Grenzen gibt. Wie sehr die Grenzenlosigkeit für das tägliche Leben zutrifft, wissen wir spätestens seit der globalen Ausbreitung von Rückständen aus der Anwendung von DDT. Gegenwärtig erleben wir es bei den kläglichen Versuchen, »das Klima zu retten«. Kein Land, kein juristisch-politisch abgrenzbarer Bereich hat ein/sein Klima. Schadstoffe, die in Europa freigesetzt werden, können in der Südsee landen, ohne dass aktiver Transport durch Menschen vonnöten ist. Für die Hersteller von Pflanzenschutzmitteln gilt daher ebenso wie für die drei in Deutschland unmittelbar relevanten Ämter, dass sie mit bestmöglichen Anstrengungen die

Grundproblematik nicht meistern können. Mit keinem Test in Zwei- oder Dreijahresfrist lassen sich Folgen ermitteln, die nach Jahrzehnten auftreten. Deshalb ist es auch so schwierig nachzuweisen, dass die Einwirkung eines Stoffes wie Glyphosat irgendwann (viel) später Krebs erzeugt. Die Mäuse- oder Rattentests bilden hierfür ein unzureichendes Testmittel, wenngleich ein unentbehrliches. Denn was rasch Krebs erzeugt, dem wird weniger zu trauen sein als den in einem Rattenleben unauffälligen Stoffen.

Die wünschenswerte Klarheit kann es daher nicht geben. Allenfalls eine mehr oder weniger grobe Annäherung oder einen Bewertungsrahmen. Noch viel weniger ist »Sicherheit« zu erwarten. Die Bezeichnung Risikobewertung drückt die Lage zutreffender aus. Jede Anwendung von Hilfsstoffen birgt Risiken, die sich nur nach jeweiligem Kenntnisstand beurteilen lassen, nicht aber vorweg abschließend. Dies gilt auch in anderer Hinsicht. So lassen sich die Umweltschäden, die das DDT und seine Abbauprodukte in der Natur und insbesondere in Teilen der Vogelwelt angerichtet haben, mit den durch den Einsatz dieses Insektengiftes erzielten positiven Effekten nicht gegenrechnen. Das Risiko Auto im Straßenverkehr gehen wir recht bedenkenlos ein, den vielen Toten und Schwerverletzten zum Trotz. Dem Auto fielen weit mehr Menschenleben zum Opfer als der Kernenergie. Die Menge der lebenslang Geschädigten ist gar nicht mehr ins Verhältnis zu Folgen der GAUs von Atomkraftwerken zu setzen. Geächtet wurde die Atomkraft, nicht das Auto; im Gegenteil, dessen Benutzung steigt und steigt. »Das Risiko« bleibt. Bewertungen beziehen sich auf Einstellungen und Ängste in der Bevölkerung. Am gefährlichsten erscheint immer das am wenigsten Bekannte.

Ein zentraler Aspekt der Bewertung von Pflanzenschutzmitteln hängt mit ihrer Dauerhaftigkeit unter Naturbedingungen zusammen; mit ihrer »Halbwertszeit«, um den Vergleich mit dem Zerfall von radioaktiven Substanzen heranzuziehen. Sie besagt ganz einfach, wie lange es dauert, bis die halbe Menge der Substanz verschwunden ist, die in die Umwelt gelangte. Für die Pflanzenschutzmittel hängt dies ab von ihrer biologischen Abbaubarkeit beziehungsweise ihrer chemischen Beständigkeit bis zum Zerfall im Boden oder im Wasser. Ihre Wirkungen lassen niemals so schlagartig nach, wie sie einsetzen, wenn sie ausgebracht werden. Dauerhafte, persistent genannte Mittel wie das DDT sind generell problematischer als rasch zerfallende oder von Mikroben abzubauende Stoffe. Glyphosat gehört zu den vergleichsweise schnell »verschwindenden« Substanzen. Auf einer gemeinsamen

Skala ließe es sich in der Nähe des einen Randes ansiedeln, in dem sich rasche Veränderungen vollziehen, während DDT den Platz am anderen Ende zugewiesen bekommt. Dennoch ist auch DDT nicht annähernd so persistent wie metallische Gifte, Quecksilber zum Beispiel. Diese zeitliche Dimension verkompliziert die Risiko- und Schadwirkungsbeurteilung zusätzlich. Die Behörden sehen sich in diesem Bereich mit einer anderen Problematik konfrontiert, nämlich der zunehmend verfeinerten Analysetechnik. Diese kann winzigste Spuren nachweisen, die in Verdünnungsbereichen von Teilen pro Milliarde (ppb) oder in noch geringeren Mengen vorliegen. Die Analysen liefern längst viel feinere Resultate, als die Anwendungen im Test an Wirkungen nachweisen können. So könnten, um die Lage ironisch zu illustrieren, in jedem europäischen Politiker Moleküle nachgewiesen werden, die schon Cäsar vor zweitausend Jahren trug, auch solche eines üblen Diktators oder eines Friedensnobelpreisträgers. Was offensichtlich bedeutungslos wäre.

Freilich enthebt dies nicht von der Verantwortung, auf bestmögliche Weise sicherzustellen, dass durch die Anwendung von Pflanzenschutzmitteln möglichst keine Schäden zustande kommen. Dieser Kunst des Machbaren ist sodann die Verpflichtung entgegenzustellen, unverzüglich Gegenmaßnahmen zu veranlassen. Genau dies funktioniert am wenigsten: Was einmal genehmigt ist, lässt sich sehr schwer widerrufen. Die größten Schäden entstehen über das Hinauszögern. Und so wird die Forderung verständlich, so wenig wie möglich zu genehmigen. Wenn aber doch, dann nur für Zeitspannen, die überschaubar kurz und für die Hersteller dennoch kalkulierbar bleiben. Mit weniger Testaufwand vorab ließen sich schneller Einsatz und wirtschaftliche Produktion ermöglichen, ohne die bei nötiger Widerrufung der Genehmigung viel zu langen Rückzugsgefechte austragen zu müssen. Diesem Konzept stehen jedoch die ernormen Gewinne entgegen, die dank der hochgradigen Subventionierung der Landwirtschaft schon über kürzere Anwendungszeiten der Pflanzenschutzmittel erzielt werden können.

Doch sind diese tatsächlich in dem Umfang notwendig, in dem sie eingesetzt werden? Niedrige Preise sind stets »verdächtig«. Zweifellos garantieren die Pflanzenschutzmittel hohe Erträge. Als Betriebskosten fallen sie nicht ins Gewicht, wenn die mit ihnen erzielten Überschüsse nicht dem Preisdruck des Marktes unterliegen. Genau diesem Korrektiv sind sie entzogen – weil die Erträge subventionsgestützt sind. Die Landwirtschaft erhält in der EU und nicht nur in diesem Wirtschaftsraum massive Unterstützung aus öffentlichen Mitteln. Die Preise der erwirtschafteten

Produkte verlieren dadurch zunehmend den Zusammenhang mit den Gestehungskosten und vor allem mit Folgekosten, die von der Produktionsweise ausgehen. Im Endeffekt ist dies eine Planwirtschaft, die sich den Marktkräften ähnlich entzieht wie den Bedürfnissen der Gesellschaft, die ohne Mitspracherecht die Subventionen zu bezahlen hat.

Ein etwas weiter ausholender Rückblick soll verdeutlichen, dass das, was gegenwärtig abläuft, keineswegs neu ist. Glyphosat bildet lediglich eine weitere Facette der globalisierten Landwirtschaft, die das Wohl oder Wehe der gesamten Menschheit immer fester in den Griff nimmt und sich dabei dem staatlichen Zugriff immer erfolgreicher entzieht.

Rückblende DDT

Dichlordiphenyltrichloräthan ist eine zu komplizierte Bezeichnung für den umgangssprachlichen Gebrauch. Die Verkürzung auf drei Anfangsbuchstaben der chemischen Hauptbestandteile zu DDT war griffig und charakterisierte ein Wundermittel, mit dem über Jahrzehnte Menschen und Natur intensiv behandelt worden waren. Die Menschen, um sie zu entlausen und ihre Wohnräume freizumachen von Insekten, die gefährliche Krankheiten übertragen können, die Natur, um all die anderen Schädlinge zu treffen, die Ernten dezimieren, Vieh gefährden oder die aus Gewässern kommen, ihren Brutstätten, und Malaria, Gelbfieber und andere Geißeln der Menschheit übertragen. DDT war im Zweiten Weltkrieg mitunter wichtiger als die Munitionsvorräte. Mit DDT wäre die Weltgeschichte anders verlaufen, hätte es schon Napoleon für seine Armeen gehabt. Dank DDT überlebten Millionen Menschen den Zweiten Weltkrieg und die Nachkriegszeit. Mit DDT verschwanden die Kopfläuse über Jahrzehnte von den Köpfen der (Schul-)Kinder, die Küchenschaben aus den Vorratskammern, und zahlreiche Massenvermehrungen von Forstschädlingen wurden eingedämmt. DDT stand für den Hausgebrauch als Pulver zur Verfügung, und es wurde von Flugzeugen aus versprüht. DDT war der Großreinemacher, der die Welt vom Ungeziefer befreien sollte. Aber DDT war auch der Hauptauslöser für Rachel Carsons Buch *Der stumme Frühling*. Denn es hatte gewaltige Neben- und Nachwirkungen.

Kriege sind für die Natur gut. Das ist leider brutale Wahrheit. Denn wenn sich Menschen gegenseitig zu vernichten trachten, schwindet ihr Druck auf die Natur. Keineswegs nur Geier und Ratten sind Kriegsgewinnler. Nahezu allem anderen Leben geht es in Kriegszeiten besser. Modernen Tötungsmitteln wie Bomben, Granaten und Minen fallen weitaus weniger Tiere zum Opfer als bei der direkten Verfolgung und Vergiftung. Bestände bedrohter Arten erholen sich in Kriegszeiten und in der Zeit danach, bis wieder Normalität eingekehrt ist. Nach dem Zweiten Weltkrieg wurde das anders. Die Erholung der Natur dauerte nur kurz. In den 1950er Jahren setzten starke Rückgänge bei Arten ein, die nicht oder nicht nennenswert verfolgt wurden. Auch in Europa, insbesondere aber in Amerika. Dort ging es abwärts mit dem Nationalvogel der USA, dem Weißkopfseeadler, mit Pelikanen und großen Falken sowie zahlreichen weiteren, nicht bejagten oder verfolgten Vogelarten. Auch in Europa und in anderen Regionen gab es starke Bestandseinbrüche bei Greifvögeln und bei Wasservögeln, die von Fischen leben. Manche Arten nahmen sehr stark ab, andere, die diesen verwandtschaftlich nahestehen, jedoch kaum. So brachen die Bestände von Wanderfalken zusammen, die der kleineren Turmfalken und der Buntfalken, der Schwesterart in Nordamerika, aber nicht. Untersuchungen ergaben, dass bei den Betroffenen die Eier beim Bebrüten zerbrachen, weil die Schalen zu dünn geworden waren, oder dass sich die Embryonen in den Eiern gar nicht entwickelten. Verfeinerte chemische Analysemethoden zeigten dann, dass die Eier Rückstände von DDT und seinen Abbauprodukten sowie von anderen Chemikalien enthielten, die in der Land- und Forstwirtschaft zur Bekämpfung von Schädlingen eingesetzt wurden. Rasch war deutlich, welch umfangreiche Neben- und Nachwirkungen dieses Wundermittel hatte. Rachel Carsons Warnung war vollauf berechtigt, obwohl ihre Botschaft auf das Heftigste bekämpft und ihre wissenschaftliche Seriosität in Zweifel gezogen worden war. Diese Vorgehensweise kennen wir inzwischen. Sie wird immer wieder angewandt, auch in unserer Zeit. Der Masseneinsatz von DDT bescherte den Herstellern große Gewinne. Von den Schäden wollten sie nichts wissen, für »unsachgemäße Anwendung« nicht verantwortlich gemacht werden. Doch die Befunde wurden erdrückend.

Sie kamen aus allen Richtungen und Regionen. DDT wurde im Körper von Pinguinen in der Antarktis und in der Muttermilch schwedischer Frauen festgestellt. DDT und seine Abbauprodukte erwiesen sich als allgegenwärtig. Eine globale Vergiftung war in Gang gekommen. Und eine Wirkkette wurde entdeckt, mit der nicht gerechnet worden war: die Akkumulation über die sogenannten Nahrungsketten.

Nahrungsketten waren in den 1960er Jahren als Begriff allenfalls den wissenschaftlichen Ökologen bekannt. Sie befassten sich mit diesen im Hinblick auf die Nutzungsgrade von Stoffen, die über Nahrungsketten weitergegeben werden, und von Energien, die durch diese fließen. Wichtigster Befund war die Feststellung, dass mit jeder »Stufe« in der Nahrungskette an die 90 Prozent der Energie und ein fast so großer Anteil an Stoffen »verloren« gehen. Arten in Spitzenpositionen solcher Nahrungsketten benötigen daher für ihre fortdauernde Existenz eine sehr große, breite Basis von Erzeugern, Produzenten oder Übermittlern. Zum Beispiel die Raubfische. Große Hechte fressen kleinere Fische und diese noch kleinere, die sich von Planktontierchen ernähren, die selbst von mikroskopisch kleinen Algen leben. Milliarden davon sind nötig, um Millionen Kleinkrebschen im Plankton zu ernähren, die Tausenden von Kleinfischen als Grundlage der Ernährung dienen, die wiederum zu Hunderten von den großen Fischen verzehrt und schließlich vom Hecht, von Seeadlern, Fischottern oder Menschen erbeutet werden. War der See mit DDT besprüht worden, um Stechmücken zu bekämpfen, geraten Rückstände davon zu den Mikroalgen im Wasser und von diesen weiter über das Plankton der Kleinkrebse zu den Kleinfischen, zu den größeren Fischen und schließlich zu den Endverbrauchern. Mit jeder Nutzungsstufe findet eine entsprechende Anreicherung statt. Sie steigert sich von bedeutungslos geringen Mengen im Plankton durch Verhundert- oder Vertausendfachung im nächsten Schritt zu Konzentrationen, die schließlich entgegen den ursprünglichen Annahmen doch Schädigungen verursachen.

Die Anreicherung über Nahrungsketten kam zustande, weil DDT zu den sogenannten persistenten Pestiziden gehört, also zu Verbindungen, die lange stabil bleiben und sich nur (sehr) langsam zersetzen beziehungsweise abgebaut werden. Als Kontaktpestizid musste es mit den Insekten in direkten Kontakt kommen, die davon getötet werden sollten. Das gebot eine hinreichende Dauerhaftigkeit, denn das Gift sollte im Hinblick auf das Ziel, die Schädlinge zu treffen, lange genug erhalten und wirksam bleiben. Doch damit verband sich der Nachteil, dass es zur Ansammlung und fortschreitenden Akkumulation über die Nahrungsketten und die weitere Verbreitung über Nahrungsnetze kommen konnte – mit ungeahnten Folgewirkungen. Aus dem Wundermittel wurde eine globale Bedrohung, auch weil es dank seiner Affinität zu Fett in den Tierkörpern gespeichert wurde. Im Fettgewebe der Menschen ebenfalls. Schadstoffe, die ähnlich rasch ausgeschieden werden, wie sie in den Körper gelangen, können sich nicht akkumulieren. Im ganz unmittelbaren Sinne machte die Persistenz des DDT die Mücke(n) zum Elefanten: Extrem geringe, für sich genommen völlig unwirksame Giftmengen schwollen zu immer höheren Konzentrationen an. Die Verdünnung der Eierschalen bis zum Zerbrechen war nur eine der zahlreichen Folgen der um sich greifenden Belastung der Natur mit DDT. Der Zusammenbruch der Bestände großer Vögel machte sichtbar, was ansonsten unsichtbar vor sich ging. Denn die DDT-Konzentrationen wurden wie die anderer, in rascher Folge danach eingesetzter Schädlingsbekämpfungsmittel in ppm und ppb gemessen. Diese Angaben bezeichnen Stoffkonzentrationen von Teilen (*parts* = *p*) pro (*per* = *p*) Million (*million* = *m* bzw. *b* = *billion*), b bedeutet pro Milliarde (= *billion* im Amerikanischen). Das sind so geringe Mengen, dass wir kein Gefühl dafür entwickeln können, wie klein sie wirklich sind. Und noch weniger dafür, dass sie gefährlich sein könnten.

Doch die biologische Verstärkung über die Nahrungsketten und die Ausbreitung durch die Nahrungsnetze machte selbst extrem winzige Ausgangsmengen von Giften hochwirksam. Die »Mücke« schwoll »zum Elefanten«. Die kurzfristigen Erfolge wurden mit den langfristigen Folgen konfrontiert. Mochte man die Dezimierung der Bestände von Seeadler und Wanderfalken noch als Kollateralschaden hinnehmen, ging dies bei DDT in der Muttermilch nicht mehr. Dass diese, obzwar vorhanden und reichlich fließend, gegen künstliche Milch ersetzt werden sollte, weil sie zu viel Gift enthielt, verschob die Bilanz nun klar von den Vor- zu den Nachteilen. DDT wurde verboten; zögerlich zunächst, dann aber weithin in der sogenannten Ersten Welt. In der »Dritten« durfte es weiter eingesetzt werden, weil es dort mehr um die direkte Abwehr von Krankheiten wie die Malaria ging und weniger um den vorbeugenden Einsatz in Land- und Forstwirtschaft. Die Wende kam sehr plötzlich. Rachel Carsons Buch war zwar unmittelbarer Auslöser und ein Weltbestseller geworden, aber letztlich war es die Vielzahl der wissenschaftlichen Befunde, die die Gefährlichkeit des DDT unabweisbar bewies. Es hätte nicht so kommen müssen. DDT war kein Teufelszeug, sondern eine synthetische, gegen Insekten hochgradig wirksame Chemikalie. Der Fehler lag, wie wir in der Rückschau feststellen können, in der ungehemmt kommerzialisierten Anwendung, die finanziell sehr einträglich, aber höchst folgenreich wurde.

Der seuchenhygienisch gezielte Einsatz von DDT in den dafür benötigten (geringen) Mengen wäre ziemlich sicher unproblematisch geblieben, wenn es nicht zur Massenanwendung in der Natur gekommen wäre. DDT wurde als billiger, also im Wortsinn wohlfeiler Wirkstoff in Land- und Forstwirtschaft massenhaft eingesetzt – auch wenn keine zwingende Notwendigkeit dafür bestand. Besonders in der Landwirtschaft wurde die vorsorgliche Spritzung propagiert und mit neuen Wirkstoffen, die DDT ablösten, auch konsequent weitergeführt. Saatgut wurde mit quecksilberhaltigen Mitteln gebeizt, gegen alle denkbaren Schädlinge wurde gespritzt, ob sie vorhanden waren oder nicht. Schnellerer Abbau der Gifte sollte verhindern, dass wie beim DDT eine Akkumulation über die Nahrungsketten zustande kam. Was bedeutete, dass die neuen Wirkstoffe zwar weniger dauerhaft, aber dafür unmittelbar umso giftiger wurden. Tests wurden entwickelt und für die Zulassung vorgeschrieben, mit denen ermittelt werden sollte, ob die Mittel für Bienen, Mäuse und Vögel schädlich sind, ob sie im Gewässer wirksam werden können, im Boden bleiben, mit dem Regen ausgewaschen und bei Trockenheit als Staub verweht werden. Die Tests sind enorm aufwendig und damit zwangsläufig sehr teuer. Die Hersteller müssten ein besonderes Interesse daran haben, die Umweltverträglichkeit ihrer Produkte bestmöglich getestet zu haben, wenn sie die Zulassung beantragen. So die Annahme. Doch der Staat kann in der Regel nicht selbst und völlig unabhängig testen, da dafür extrem spezialisierte Institute nötig wären, wie sie oft nicht einmal die Universitäten haben. Patentrechtliche Aspekte kommen hinzu. Von Anfang an sahen sich die Behörden daher in der Situation, mit der Genehmigung einen Vertrauensvorschuss geben zu müssen und danach nur abwarten zu können, ob Probleme auftauchen. Und da es sich bei den Wirkstoffen um Produkte langer und teurer Forschungsarbeiten handelt, die hohe Gewinne bringen (sollten), werden Gegenmaßnahmen entsprechend massiv und meistens auch sehr erfolgreich hinausgezögert, auch wenn sie noch so geboten und notwendig sind. Aktuelles Beispiel sind die Neonicotinoide, die »Neonics«.

Der generelle Ablauf war bei dieser Gemengelage klar vorprogrammiert. In steter Folge rückten neue Mittel nach, wenn die bisherigen vom Markt genommen werden mussten. Die Verzögerungszeiten wurden gleichbedeutend mit den Gewinnen: je länger, desto höher. Oft half sogar die Begründung, das Verbot könne vorerst nicht vollzogen werden, weil noch keine

Alternativen zur Verfügung stehen. Umgekehrt können Genehmigungsverfahren beschleunigt werden, weil »Handlungsbedarf« besteht, der zum politischen Druck angeschwollen ist. Die DDT-Story ist eine unendliche Geschichte, deren chemische Zentralfigur zwar immer wieder wechselt, aber stets gleich abläuft. Warum? – Diese Nachfrage scheint sich zu erübrigen, weil sich einfach alles wiederholt. Doch genau in der Vernachlässigung dieses »Warum?« verbirgt sich das Problem: Die Entwicklung der Wirkstoffe, die umfangreichen, langwierigen Tests in der Praxis und die Genehmigungsverfahren kosten sehr viel Geld. Rechnet sich der Aufwand?

Ein Abstecher nach Australien

In Australien ist es trocken und heiß; meistens und weithin. Australien war viele Millionen Jahre lang ein vom Rest der Welt isolierter Inselkontinent. Eine recht eigene Tier- und Pflanzenwelt hatte sich darauf entwickelt. Sie ist eingestellt auf die australischen Lebensbedingungen. Diese erscheinen uns hart, weil wir es gewohnt sind, die europäischen Verhältnisse zugrunde zu legen. Und in der Tat stammen die meisten Einwanderer, die in den letzten 250 Jahren nach Australien gezogen sind, aus Europa. Als Lebewesen sind sie Neulinge der »letzten Sekunden«, auch verglichen mit der Urbevölkerung, den Aborigines. Diese besiedelte Australien bereits vor mehr als 40 000 Jahren. Was nicht ohne Folgen blieb, denn aller Wahrscheinlichkeit nach rotteten die Aborigines rasch alle Tiere aus, die größer als die noch existierenden großen Kängurus waren. Doch unabhängig davon, wie es sich verhielt, ob die Aborigines mit Feuer und ihren einfachen Waffen plumpe Säugetiere der australischen Vorzeit vernichteten oder ob diese einem Klimawandel hin zu immer größerer Trockenheit zum Opfer fielen, die Tatsache bleibt: Es fehlte an »modernen« Säugetieren. Australien war eine spezielle Welt der Beuteltiere. Das hat sich erst gewandelt, als die Europäer kamen und die aus unserer Sicht moderneren Säugetiere mitbrachten, wie Rinder, Schafe, Pferde und diverse Haustiere. Der Kontinent der Beuteltiere erwies sich als gut geeignet für die Nutztiere der neuen Bevölkerung aus Europa und Ostasien.

Längst ist Australien ein Kontinent der Schafe, aber auch einer der Rinder. Millionen davon leben in »Down under«. Und sie verursachten ein Problem, das sich über die Jahrzehnte aufschaukelte. Die Fladen, die die Rinder von sich gaben, blieben liegen, trockneten aus und wurden von australischen Fliegen und anderem Kleingetier nur höchst unzureichend zersetzt. Denn es fehlte Entscheidendes, nämlich Dungkäfer, die den Kuhfladen verarbeiten. Ohne sie funktionierte die Zersetzung nicht. Die Fladen verloren in der trockenen Hitze sehr rasch das in ihnen enthaltene Wasser. Sie dörrten aus und hätten für traditionell (und bitterarm) lebende Menschen in Indien ideales Brennmaterial ergeben. In Australien waren die Kuhfladen völlig fehl am Platze. Sie wurden zur Belastung, weil sie immer mehr vom ohnehin kargen Weideland abdeckten, das Nachwachsen des Grases behinderten und damit die Viehwirtschaft schädigten. Nach Jahrzehnten intensiver Suche gelang es, Mistkäfer (Dungkäfer) aus Südafrika einzuführen, die sich in der Lage zeigten, das Überangebot an Kuhmist in Australien aufzuarbeiten. Dass dort natürlicherweise keine Verwerter vorhanden waren, liegt daran, dass es in Australien keine Wiederkäuer, wie Rinder, Schafe und Ziegen, oder Wildtiere aus dieser Verwandtschaft, wie Büffel, Antilopen und Gazellen, gegeben hatte. Sie alle sind »moderne« Säugetiere aus der afroasiatischen Welt, keine Australier. Folglich existieren auch keine Verwerter der Extremente dieser großen Tiere, die von Gräsern, Kräutern und anderen bodennahen Pflanzen leben. Mit der Einführung dieser Säugetiere nach Australien war urplötzlich ein Problem entstanden.

Vielfach ist dieses Beispiel beschrieben worden, um aufzuzeigen, welche Folgen die Einführung fremder Arten in eine neue Umwelt haben kann. Wie auch der nahezu parallel dazu abgelaufene Fall der Kaninchen, die sich mangels natürlicher Feinde in Australien »wie die Karnickel« vermehrten, den Schafen zu viel wegfraßen und zur Plage für den Kontinent geworden waren. Mit der Einführung eines Virus, der die Myxomatose-Erkrankung hervorruft, wurde man der Kaninchen (weitgehend) Herr. Die Rinder aber und die Schafe, genauso fremd und ökologisch unpassend wie die Kaninchen, sollten selbstverständlich bleiben und mithilfe der Käfer ordentlich in die australische Natur integriert werden.

Dieser Abstecher nach Australien wäre hier unnötig, hätte er nicht einen direkten Bezug zum Thema. Dieser ist so kurios, dass man den Zusammenhang und die Folgen kaum wahrhaben möchte. Bei uns in Europa gibt es nämlich inzwischen gleichfalls Schwierigkeiten mit der Aufarbeitung der Kuhfladen. Sogar in Biobetrieben. Denn unsere Dung- und Mistkäfer machen nicht mehr mit; mancherorts, vielleicht bald schon vielerorts oder überall, wo Rinder (noch) im Freien gehalten werden. Antiwurmmittel vergiften die Ausscheidungen für Mistkäfer, Dungfliegen und andere Zersetzer. Die Mengen der kleinen, für die Zersetzung besonders wichtigen Dungkäfer haben über die letzten Jahrzehnte sehr stark abgenommen. Man ist geneigt, dies der Stallhaltung zuzuschreiben. Wenn immer weniger Rinder auf die Weide kommen, müssen zwangsläufig die Dungkäfer seltener werden. Aber noch gibt es sie, die großflächige und umfangreiche Weideviehhaltung. In der norddeutschen Tiefebene und auf den Weiden der Voralpen, wie dem Allgäu und Oberbayern, auf Mittelgebirgen und den Hochweiden der Alpen, den Almen. Doch das mit Medikamenten vorsorglich behandelte Vieh scheidet vergifteten Dung aus. So absurd es klingt, die Güllewirtschaft verhindert bei starker Belastung der Rinder mit Medikamenten gegen Wurmbefall die Anhäufung nicht abgebauter Kuhfladen. Was diese medizinischen Wirkstoffe, die mit der Gülle in die Böden kommen, ansonsten darin bewirken, weiß man offenbar nicht. Zu komplex sind die Verhältnisse, zu groß die Möglichkeiten. Denn in den Böden wechselwirken Tausende verschiedener Organismen, von Würmern bis zu Bakterien und Viren, mit- und gegeneinander. Das australische Kuhfladenproblem greift somit aus anderen Gründen nun auf Europa über. So sehr verfremdet die vorbeugend chemische Behandlung der Rinder ihren Mutterkontinent. Antiwurmmittel sind nicht die einzigen Ingredienzien. Zahlreiche weitere Medikamente werden den Rindern verabreicht, darunter Antibiotika. Diese fördern den Fleischansatz, weil sie dem Immunsystem gleichsam alle Arbeit abnehmen. Der Markt für Tierarzneimittel stieg in den letzten Jahrzehnten gewaltig an. Im Jahre 2018 erreichte er in Deutschland über 800 Millionen Euro. Tendenz weiter steigend.

Dies geschieht wiederum mit unabsehbaren Folgen, die noch weitaus bedenklicher sind als das Verschwinden der Dungkäfer. Denn die Behandlung gesunder Nutztiere mit Antibiotika fördert die Entstehung multiresistenter Keime. Solche können Menschen mit geschwächtem Immunsystem töten, wenn keine Gegenmittel mehr wirken. Dazu ein weiterer Ausflug, dieses Mal nach Indien.

Vernichtung der Geier

Nutztiere sind lebensgefährlich giftig geworden. Dass sie zur Brutstätte multiresistenter Bakterien werden können, ist keine überzogene Befürchtung oder gar nur böswillige Vermutung. Der biologische Vorgang des sogenannten lateralen Gentransfers bei Mikroben ist längst gut bekannt und in vielen Details erforscht. Bakterien und Viren können dabei genetische Eigenschaften, wie Resistenz gegen ein bestimmtes Antibiotikum, untereinander austauschen und mit ähnlichen Resistenzen gegen andere Antibiotika kombinieren. Auf diese Weise kommen Mehrfachresistenzen zustande, die wiederum kombiniert mit anderen Eigenschaften aus weiteren Bakterien die »super-bugs« erzeugen, vor denen die Weltgesundheitsorganisation WHO warnt. Je mehr Antibiotika in der Nutztierhaltung eingesetzt und auch von Menschen ohne zwingenden Grund einer Erkrankung (»vorsorglich«) benutzt werden, umso stärker steigt das Risiko der Entstehung multiresistenter Keime. Mit der Massenviehhaltung läuft ein globales Großexperiment zur Erzeugung solch neuer Keime. Denn die auf engstem Raum zusammengepferchten Rinder, Schweine,

Hühner oder Puten bilden die denkbar günstigsten Voraussetzungen. Sie sind bis auf Körperkontakt zu Hunderten, Tausenden oder Zehntausenden beisammen. Zudem sind sie einander genetisch unnatürlich ähnlich, weil es sich um auf Höchstleistungen gezüchtete Tiere handelt. Selbst wenn in den Ställen alles jahrelang gutgeht, fluten ihre Exkremente mit den Arzneimittelrückständen das Land mit der Gülle, die auf Feld und Flur ausgebracht wird. Dabei geraten sie in die natürlichen Nahrungsketten.

Welch dramatische Auswirkungen dabei zustande kommen, hat sich in Indien gezeigt. Dort wurden in den letzten 20 Jahren die Rinder vermehrt mit dem als Schmerzmittel und Entzündungshemmer bei uns bekannten und umfänglich benutzten Wirkstoff Diclofenac behandelt. Indiens gigantischer Rinderbestand lebt weitestgehend im Freien. Die »Heiligen Kühe« müssen sich selbst Futter suchen. Sie sind daher in einem mehr oder weniger schlechten körperlichen Zustand. Dennoch sollen sie Milch geben und Dung liefern, der als Heizmaterial verwendet wird. Da in Indien inzwischen ein sehr großer Teil der global verwendeten Medikamente hergestellt wird, die auch bei uns eingesetzt werden, stand und steht Diclofenac dort preisgünstig und in praktisch unbegrenzter Menge zur Verfügung. Den Kühen verabreicht, werden diese widerstandsfähiger gegen Infektionskrankheiten, zumal gegen Verletzungen, die sie sich bei der Futtersuche im dornbuschreichen Halbwüstengebiet im Nordwesten Indiens zuziehen. Doch auch mit Diclofenac behandelte Rinder sterben. Die Kadaver holen sich die Geier. Bei ihrem steten Kreisen am Himmel finden sie die toten Tiere viel schneller als die Hunde, die sich die Kadaver erriechen müssen. Zu Dutzenden stürzen sich die großen Vögel darauf, und in kurzer Zeit ist außer den schweren Knochen und dem Schädel nichts mehr übrig. In Indien, wie auch in anderen subtropisch-tropischen Regionen, wirken diese Vögel als rasche, effiziente Verwerter. In dieser Funktion sind sie unentbehrlich. Sie verhindern, dass die toten Tiere zu Ausbreitungszentren von Seuchen werden. Und auch, dass sich streunende Hunde zu stark vermehren. Denn diese können als Träger des Tollwutvirus den Menschen sehr gefährlich werden. Die Geier halten sich an ihren Rast- und Brutplätzen an Felswänden oder auf hohen Bäumen von den Menschen fern genug. Die Hunde hingegen streifen durch die Dörfer, kontaktieren die Familienhunde und tragen damit ihre gefährliche Fracht an Viren und anderen Krankheitserregern direkt in die Bevölkerung hinein. Und genau dies geschah, als Anfang des 21. Jahrhunderts ein großes Geiersterben in Indien einsetzte. Innerhalb eines Jahrzehnts starben über 90 Prozent der Geier;

regional bis 98 Prozent. Nach jahrelangem Rätseln über die Ursache wurde Diclofenac als Schuldiger erkannt. Die toten Rinder hatten so viel davon in ihrem Körper, dass sich die Geier damit buchstäblich vergifteten. Durch Schädigung der Nieren. Diese arbeiten bei den Vögeln anders als bei den Säugetieren, wie den Rindern, Hunden oder Menschen. Vogelnieren scheiden die Endprodukte der Stickstoffverbindungen in Form von halbkristalliner, breiiger Harnsäure ab, und nicht als Harnstoff im wässrigen Urin. Die Diagnose Niereninsuffizienz bedeutet beim Menschen entweder regelmäßige Blutwäsche (Dialyse) oder, günstigstenfalls, eine Nierentransplantation. Unbehandelt führt das Versagen der Nieren rasch zum Tod. Wie bei den Geiern, deren Nieren durch die Aufnahme von Diclofenac geschädigt waren.

Der Ausfall der Geier kam zunächst den streunenden Hunden zugute, die in den Zigtausenden alljährlich sterbenden Kühen eine riesige neue Nahrungsmenge serviert bekamen. Aber es profitierte eben auch die Tollwut. Und Fliegen vermehrten sich gewaltig. Die Kadaver stanken zum Himmel, wo es an der Verwertungsalternative der Pariahunde mangelte. Ein zunächst sehr positiv wirkendes Medikament, das den so geschätzten und unentbehrlichen Rindern Indiens zugutekam, erwies sich als fatal in einer ganz anderen, jedoch nicht minder wichtigen Richtung, weil es nicht bloß im akuten Fall einer entzündlichen Verletzung angewandt wurde, sondern vorbeugend. Inzwischen fallen auch in Spanien und Afrika Geier diesem Medikament zum Opfer. Die Verlockungen des kurzfristigen Gewinns für die Viehhalter sind zu groß. Für die Folgen werden sie nicht zur Rechenschaft gezogen.

Die Viehhaltung ist ein riesiger, äußerst gewinnträchtiger Markt für pharmazeutische Produkte. Eingesetzt werden sie nicht nur in der aus Gründen des Tierschutzes angeprangerten Massenhaltung in Ställen. Ihre Folgewirkungen betreffen auch das scheinbar unproblematische Leben von Nutztieren im Freiland. Sogar Wildtiere wie Hirsche (Rotwild) werden über Fütterungen mit Medikamenten behandelt. Solche in Gatterhaltung ohnehin, weil sich Parasiten zu sehr ausbreiten und die Tiere zu stark schädigen würden.

Flächenwirkung

In den zivilisierten Ländern werden die Abwässer der Menschen über mehr oder weniger hochgradig funktionierende Kläranlagen aufbereitet und gereinigt. Die Einführung von Kanalisation und Abwasserreinigung stellte den entscheidenden Fortschritt für die Volksgesundheit dar. In Europa, speziell in Deutschland, wurden im letzten halben Jahrhundert viele Milliarden in Kläranlagen investiert, nachdem erkannt worden war, dass man die Abwässer nicht einfach in die Flüsse und Seen einleiten durfte. Seither bezahlen wir Abwassergebühren, und das nicht wenig, weil die Reinigungsgrade mit dem Ziel weiter verbessert werden sollten, dass schlussendlich reines, trinkbares Wasser die Aufbereitungsanlage verlässt. Auch wenn dafür vielfach noch die letzten Reinigungsprozente fehlen, so gilt doch, was aus den Klärwerken in die Flüsse geleitet wird, als weitestgehend unbedenklich. Nicht ganz, weil auch vom Menschen bedenkliche Stoffe ausgeschieden werden und ins Abwasser gelangen, die beim Reinigungsprozess nicht abgebaut oder entfernt werden. Dazu gehören Inhaltsstoffe von Medikamenten und Hormone. Die Rückstände »der Pille« sind in ihren Nachwirkungen umstritten. Manche Befunde deuten darauf hin, dass sie auf Fische und andere Wassertiere einwirken, weil die Geschlechtshormone über die Artgrenzen hinaus chemisch recht ähnlich bis nahezu gleich gebaut sind. Wachstum und Entwicklung von Fischen können daher davon beeinflusst werden. Diskutiert wird unter anderem sogar eine Rückwirkung auf die Menschen über die Verminderung der Menge befruchtungsfähiger Spermien bei den Männern, weil Hormone, die Östrogene speziell, von der Abwasserreinigung nicht unwirksam gemacht werden.

Verständlicherweise schreckt alles, was uns Menschen unmittelbar betrifft, bereits dann auf, wenn die Faktenlage noch schwach oder unklar ist. Doch dass künstliche Hormone in vielfältiger Weise in der Natur verbreitet werden, steht außer Frage. Die natürlichen Systeme sind, wie auch die von den Menschen aufgebauten, nicht geschlossen, sondern mehr oder weniger offen, zumindest aber durchlässig. Wie mag es dann aussehen, wenn die Abfälle großflächig frei und ohne reinigende Vorbehandlung übers Land ausgebracht werden? Dies geschieht mit der Gülle. Billionen Liter davon fluten alljährlich Europa. Auf den Fluren in Deutschland werden allein etwa 310 Milliarden Liter pro Jahr verteilt. Das ist ein Mehrfaches der häuslichen, über Kläranlagen gereinigten Abwässer. Seltsamerweise gilt die Gülle aber uneingeschränkt als Wertstoff. Lediglich im Hinblick auf die Belastung von Grund- und Trinkwasser mit Nitraten sollte die ausgebrachte Menge begrenzt werden. Doch Deutschland missachtet seit Jahren die von der EU verfügte Vorgabe und nimmt aus politischer Rücksichtnahme auf die Massenviehhaltung, Haupterzeuger der Gülleflut, Strafzahlungen in Kauf. Diese muss die Allgemeinheit wieder über Steuermittel begleichen. Die Verursacher werden nicht zur Kasse gebeten.

Die mit Abstand größte »Bereinigung« auf nahezu ganzer Fläche geht von dieser Güllewirtschaft aus. Die braunen Fluten überziehen Dauergrün- und Ackerland, sogar Grünflächen auf Verkehrsinseln. Das von dieser Intensivdüngung ausgelöste, starke Pflanzenwachstum zwingt zu häufigem Mähen, sodass sich auf den Restflächen keine Artenvielfalt mehr halten kann. Die Überdüngung von Land und Meer stellt seit Jahrzehnten das ökologische Hauptmerkmal unserer Zeit dar. Stickstoffverbindungen, zusammen mit solchen Stoffen, die Phosphor und Kalium enthalten, galten einst als das Zaubermittel zur Steigerung der landwirtschaftlichen Erträge. Für die deutsche Landwirtschaft waren zwischen den beiden Weltkriegen 50 bis 60 Kilogramm Stickstoff pro Hektar und Jahr

Zielvorgabe. Als Reinstickstoff gerechnet, nicht als Bestandteil diverser Stickstoffverbindungen. Mit dieser Düngermenge sollte der alljährliche Entzug über die Ernte ausgeglichen werden. Dieser war damals, vor nur knapp einem Jahrhundert, immer noch beträchtlich größer als die Rückführung über den Stalldünger. Dabei gab es bereits Kunstdünger und den, allerdings sehr teuren, Vogeldünger aus Südamerika und Südafrika, den Guano. Deshalb versuchte man, auch die Ausscheidungen der Menschen als Dünger nutzbar zu machen. Nicht mehr direkt, wie in alten Zeiten, als die sogenannte Erde der Nacht auf die Fluren verbracht wurde, wie dies bis in die Gegenwart in verschiedenen Regionen der Erde immer noch geschieht, sondern über Klärschlamm aus den noch einfachen Abwasseraufbereitungsanlagen und über Rieselfelder, über die häusliche Abwässer verteilt wurden. Sowie über die Fischzucht. Jahrzehntelang wurden Fischteiche bei München und an anderen Städten mit verdünntem Abwasser gleichsam gefüttert. Die groß und fett gewordenen Karpfen wurden auf den städtischen Märkten verkauft.

Grundsätzlich ist diese Nutzung menschlicher oder auch tierischer Abwässer nicht verkehrt, sofern sichergestellt ist, dass damit keine Krankheiten verbreitet werden. Für die Klärschlämme aus modernen

Anlagen verbietet sich die direkte Verwendung jedoch meistens, weil diese Rückstände an Schwermetallen, Medikamenten (zum Beispiel Hormonen) und anderen Stoffen enthalten, die nicht in die Umwelt gelangen sollten. Der größte Teil der Klärschlämme wird verbrannt. Bei der Gülle ist man da ungleich großzügiger, was ein Nachwirken der früheren Notwendigkeit sein mag, so gut wie möglich die Felder und Wiesen zu düngen. Denn auch nach erfolgter Konsolidierung der Wirtschaft nach dem Zweiten Weltkrieg existierte das Problem der Unterversorgung der Fluren mit Pflanzennährstoffen weiter. Die Hektarerträge stiegen generell, insbesondere dank des Einsatzes von Maschinen und der Traktoren, die die Pferde- oder Ochsengespanne abgelöst und eine effizientere Bewirtschaftung ermöglicht hatten. Der Treibstoff, den die Motoren benötigten, war billiger als das Futter für die Zugtiere. Er wurde durch steuerliche Begünstigung von Diesel, der für landwirtschaftliche Maschinen eingesetzt wird, künstlich billig gehalten. Was ansonsten zu dieser Treibstoffklasse gehörte, wie PKW-Diesel und Heizöl, blieb von der Begünstigung ausgenommen und wurde durch Farbzusatz unterscheidbar gemacht.

Günstige Energie ermöglichte die Massenproduktion von Kunstdünger. Die Bezeichnung Nitrophoska charakterisierte das Produkt, das die landwirtschaftliche

Produktion auf ein bis dahin unerreichtes Niveau anhob. Nitro für Stickstoff, phos für Phosphor und ka für Kalium. Die massive Subvention der Landwirtschaft machte den Masseneinsatz von Kunstdünger und die umfassend maschinelle Bearbeitung der Fluren so ertragreich, dass nach wenigen Jahren die Produktion den Bedarf überstieg. Aus Mangel wurde Überfluss. Der Europäischen Wirtschaftsgemeinschaft (EWG) gerieten die Überschüsse zum Problem. Dieses vergrößerte sich mit der Wandlung zur Europäischen Gemeinschaft (EG), in der der Agrarsektor mehr als die Hälfte des Gesamtetats ausmachte. Die Bewirtschaftung der Überproduktion gestaltete sich zur Mammutaufgabe der Europäischen Union (EU), nachdem gewaltige neue Produktionsflächen mit den mittelosteuropäischen Staaten hinzugekommen waren, denen dieselben landwirtschaftlichen Subventionen und Bevorzugungen zuteilwerden mussten. Ohne den politischen Hintergrund zu beleuchten, bei dem damals der Beitritt Großbritanniens eine besondere Rolle spielte, ist festzuhalten, dass die Überproduktion immer noch ungelöst ist. Sie stellt das Kernproblem der so extremen Bereinigung der Natur in der EU dar.

Der große Wechsel von Unterversorgung zur Überdüngung fand hauptsächlich in der Zeit zwischen Mitte bis Ende der 1970er und Mitte der 1980er Jahre statt. Sehr schnell, in Deutschland in weniger als einem Jahrzehnt, stieg beim Stickstoff die Überschussmenge auf mehr als 100 Kilogramm pro Hektar und Jahr an. Als Durchschnittswert bedeutet dies, dass in weiten Regionen seit Ende der 1970er Jahre 150 oder 200 Kilogramm Stickstoff pro Hektar und Jahr zu viel in die Böden und aus diesen weiter ins Grundwasser und in die Bäche und Flüsse gelangten. Als die Universität Gießen Anfang der 1990er Jahre für das wiedervereinigte Deutschland eine Flächenbilanz erstellte, gab es kaum noch (in der gewählten farblichen Darstellungsform mit Grün charakterisiert) Regionen mit ausgeglichener Stickstoffbilanz. Gelb (Überschüsse mit mehr als 50 Kilogramm Stickstoff pro Hektar und Jahr) und Rot bis Purpur (100 bis über 200 kg) dominierten in Westdeutschland. Ostdeutschland hingegen war ein eher noch kleinteiliges Mosaik aus grünen, gelben und roten Flächen. Die größten »grünen Inseln« waren (und blieben) Großstädte wie Berlin und Hamburg sowie die agrarwirtschaftlich nicht nutzbaren Hochlagen in den Gebirgen. In der generellen Flächenbilanz brachte es Deutschland auf einen Stickstoffüberschuss von mehr als 100 Kilogramm pro Hektar und Jahr. Diese Überdüngung ließ sich den – für die Steuern zahlende Allgemeinheit sehr kostenintensiven – Bemühungen zum Trotz nicht auf das ökologisch und sozialpolitisch gebotene Niveau von etwa 50 kg/ha/Jahr und weniger senken. Daher läuft gegen die Bundesrepublik Deutschland, wie bereits erwähnt, ein EU-Verfahren. Aus triftigen Gründen.

Die flächige Überdüngung belastet das Grundwasser, das weithin nicht mehr oder nur nach aufwendiger Reinigung als Trinkwasser geeignet ist, und auch die Luft mit freigesetzten klimawirksamen Gasen, insbesondere mit Lachgas (N_2O) und Ammoniak (NH_3). Sie nivelliert über die landwirtschaftlichen Nutzflächen hinaus die Artenvielfalt. Der für die Pflanzenproduktion grundsätzlich notwendige, nun aber im Übermaß vorhandene Stickstoff ist Erstick-Stoff für die Biodiversität geworden. Das ist ein Musterbeispiel dafür, wie aus höchst wünschenswerten Verbesserungen rasch gewaltige Verschlechterungen entstehen, wenn nicht rechtzeitig gebremst wird, um Düngung und Erzeugung in einen ausgewogenen Zustand zu bringen. Es lohnt, darauf etwas genauer einzugehen. Zuvor ist aber noch eine andere Quelle von Stickstoffverbindungen anzuführen und in die Betrachtung mit einzubeziehen, die nur zum Teil von der Landwirtschaft ausgeht. Es sind dies atmosphärische Stickstoffeinträge. Abgesehen von Luftstickstoff, der bei Blitzschlägen verbrannt wird, sind ihre Hauptquellen die Ausdünstungen der Gülle sowie Motoren und Heizungen, in denen Luftstickstoff mit verbrannt wird. Die dabei entstehenden NOx-Verbindungen düngen ganz ähnlich wie die direkt in der Landwirtschaft eingesetzten stickstoffhaltigen Mineraldünger und die Gülle. Ihre Menge ist enorm. Sie erreichte Anfang bis Mitte der 1990er Jahre mit 50 bis 60 Kilogramm Reinstickstoff pro Hektar und Jahr ihren Höhepunkt. Das war, wie bereits angeführt, genau die Zielmenge für die deutsche Landwirtschaft nach dem Ersten Weltkrieg. Dieser Dünger aus der Luft kam aber kostenlos und unablässig. Besondere Höhepunkte ergaben sich bei winterlich intensiver Heizung mit modernisierten Feuerungen sowie beim sommerlichen Urlaubsverkehr.

Auch leistungsfähige Dieselmotoren lieferten Stickoxide in dem Maße, in dem ihre Anteile am Gesamtkraftfahrzeugbestand zunahmen. Zwar vermindern Katalysatoren die NOx-Menge aktuell auf maximal 80 mg pro Kilometer (Norm Euro 6 d TEMP), aber die Zahl der Dieselfahrzeuge stieg weiter an. Daher kam eine längere Verzögerungszeit in der verkehrsbedingten Abnahme dieser Düngung aus der Luft zustande. Und das auch nur, wenn Ammoniak aus der Gülle unberücksichtigt bleibt. Wie sehr diese das ganze Land überdüngt, lässt sich bestens an der starken Zunahme bestimmter, auffällig gelber Flechten ablesen. Sie besiedeln inzwischen völlig flechtenfrei eingepflanzte Sträucher bereits in wenigen Jahren und überziehen sogar deren dünne Zweige mit gelben Krusten. *Xanthoria parietina* ist der wissenschaftliche Name dieses Indikators für zu hohe Ammoniakbelastung der Luft. Die Verhältnisse kehrten sich seit den 1980er Jahren, der Zeit des »Waldsterbens« in Deutschland, geradezu um. War dieses damals auf den sauren Regen zurückgeführt worden, weil über Fabrikschornsteine und durch Verbrennung von schwefelhaltigem Benzin in Automotoren Schwefeldioxid entstand, das mit der Feuchte der Luft zu schwefliger und zu Schwefelsäure reagierte und als saurer Regen die Vegetation schädigte, so ersetzt nun der basische Niederschlag mit Ammonium die durch Entschwefelung überwundene Schadwirkung. Inwieweit davon auch (wieder) Wälder in ihrem Wachsen und Gedeihen beeinträchtigt werden, bleibt vorerst noch offen. Den Wald schädigt gegenwärtig angeblich die Klimaerwärmung.

Unter diesen zusätzlichen Einträgen auf dem Luftweg ist die in der Landwirtschaft eingesetzte Düngung zu betrachten. Bei ihrer Menge in den 1990er Jahren hätte es so gut wie keiner weiteren Düngung mehr bedurft, so die reine Bilanzbetrachtung. Das geht so einfach aber nicht, denn die Pflanzen benötigen die Stickstoffverbindungen und die anderen Düngestoffe vor allem in der Zeit ihres Hauptwachstums. Dass während der Vegetationsruhe im Winter aufgrund stark laufender Heizungen und im Hoch- bis Spätsommer besonders viel düngende NOx-Verbindungen aus Luftstickstoff verbrennenden Automotoren anfallen, nützt den allermeisten Kulturen auf den Fluren wenig. Die Mineraldüngung lag besser, wenn sie den wachsenden Pflanzen »ins Maul« verabreicht wurde. Verbesserte Bedarfsermittlung und zeitlich richtiges Düngen hätten somit die Verluste durch Auswaschung oder einfach durch Hinabwandern der nährenden Mineralstoffe in tiefere Bodenschichten verhindern können. Weitgehend, nicht ganz. Der perfekte Kreislauf ist nicht möglich. Aber die Näherung an die optimale Verknüpfung von Ernteentzug und Düngung hätte das Ziel sein müssen. Dann hätten sich die Erträge auch eher an den Bedarf angeglichen; ein Aspekt, der gleichfalls erneut aufzugreifen ist.

Unterlaufen wurde die Angleichung von Düngung und Entzug durch die Ernte angesichts der engen Verknüpfung mit der Tierproduktion. Das Vieh kam in großen Teilen des Landes in Ställe mit Schwemmentmistung und es erhielt in zunehmendem Umfang Futtermittel, die nicht aus der Eigenproduktion stammten, sondern aus Übersee kamen. Sojaschrot vor allem. Mit Tierbeständen, die weit über die Produktionskapazität von

Futter der im Land verfügbaren Flächen hinausgingen, kam Überschuss an Düngestoffen über die Gülle zustande. Wo das Rindvieh nicht wie in der norddeutschen Tiefebene und auf den Weiden am Alpenrand teilweise bis fast ganzjährig im Freien blieb, sondern aufgestallt wurde, und wo sich mit Mastställen gewaltige Überbestände von mehr als 25 Millionen Schweinen herausbildeten, entstanden die bereits genannten Güllefluten von über 300 Milliarden Litern pro Jahr. Diese können Getreide und Mais aber nicht »ins Maul« gedüngt werden. Vielmehr müssen sie das ganze Jahr über entsorgt werden. Im Binnenland gibt es drei Hauptzeiten der Ausbringung von Gülle. Im zeitigen Frühjahr, oft schon gegen Ende Februar, wenn mitunter noch Schnee liegt und der Boden gefroren ist, weil die Tanks voll sind. Im Hochsommer, wenn mit den abgeernteten Feldern große Flächen zur Verfügung stehen, und nochmals kurz vor Winterbeginn, weil die Depots leer sein sollen für den Winter. Die Gülleausbringung auf Schnee und gefrorenen Boden ist zwar verboten, aber die Erfahrung zeigt, dass sie dennoch häufig vorgenommen wird, weil »Güllenotstand« eingetreten ist. Doch selbst wenn alle Vorschriften eingehalten würden, lässt sich nur ein Teil der Gülle zeitlich ideal für das Pflanzenwachstum ausbringen. Hinzu kommt, dass die organischen Reststoffe in der Gülle mikrobiologisch durchgearbeitet werden müssen, bis sie für die Pflanzen in geeigneter Form zur Verfügung stehen.

Und so stinkt das Land mehrmals im Jahr zum Himmel. Was die Nasen registrieren, belastet die Atmosphäre und überdüngt auch Bereiche, die gar nicht gedüngt werden sollten. Stickstoff = Erstick-Stoff. Wie ausgeführt. Weil nur recht wenige Pflanzenarten mit der überhöhten Verfügbarkeit von Stickstoff zurechtkommen, verschwindet die Vielfalt der Kräuter und Blumen. Die stickstofftoleranten Arten wuchern und verdrängen dabei die empfindlicheren, auf magere Bedingungen eingestellten Pflanzen. Und die von ihnen abhängigen Tiere dazu. Die davon verursachte Vereinheitlichung der Vegetation entspricht einer noch stärkeren Bereinigung als durch die Flurbereinigung selbst. Denn diese versuchte zumindest in ihrer Endphase mit neuen Hecken und Landschaftselementen die großflächige Ausräumung der Fluren abzumildern. Die Folgen der Überdüngung hatte man dabei jedoch nicht bedacht. Sie äußern sich zusätzlich in einer anderen, ökologisch sehr bedeutsamen Weise, nämlich durch Abkühlung des bodennahen Kleinklimas. Wo die Vegetation dank Überdüngung auf das Üppigste wuchert, wird es im bodennahen Bereich kühl, feucht und dunkler, auch wenn darüber schönstes Frühlings- oder Sommerwetter herrscht. Die Verdunstung durch die dichte Vegetation kühlt und hält den Bodenbereich nass. Außer das Wetter wird extrem trocken, wie regional im Hitzesommer 2018. Viele Kleintiere, Insekten, auch Eidechsen, Blindschleichen und dergleichen benötigen Wärme. Doch anstatt von den wärmeren Sommern unserer Zeit zu profitieren, nehmen die allermeisten wärmebedürftigen Arten an Häufigkeit ab, und ihre Vorkommen schrumpfen. Die Überdüngung hat ihre Biotope zu kühl und zu feucht gemacht. Deshalb ist die Bezeichnung Erstick-Stoff für den Stickstoff in Bezug auf viele Tier- und Pflanzenarten vollauf gerechtfertigt.

Die Natur voller Gift

»Die Dosis macht das Gift.« Diese Feststellung prägte Theophrast von Hohenheim, genannt Paracelsus, vor einem halben Jahrtausend. Genau genommen stellte er fest: »All Ding' sind Gift und nichts ohn' Gift; allein die Dosis macht, dass ein Ding kein Gift ist.« Fünfhundert Jahre waren nicht genug, daraus die nötigen Schlüsse zu ziehen. Die Überdosis Stickstoffverbindungen ist zum Gift für die Landschaften geworden. Mehr noch als mechanische Bearbeitung, die nivelliert, bereinigt Überdüngung die Lebensvielfalt der Fluren und angrenzenden Flächen. Die Landwirtschaft geht nach dem Grundsatz »Viel hilft viel« vor. Für die Konsequenzen muss sie nicht einstehen. Auf höchst seltsame Weise wurde sie aus der Gesellschaft herausgelöst und von den innergesellschaftlichen Verpflichtungen freigestellt. Nach deutschem Naturschutzgesetz ist Landwirtschaft kein Eingriff in den Naturhaushalt. Nichts führt den tatsächlich höchst schwammigen Begriff »Naturhaushalt« so sehr ad absurdum wie diese Freistellung. Auch von der Bekämpfung des Klimawandels wird sie wieder ausgenommen. Frei nach dem Grundsatz: Landwirtschaft hat keine Auswirkung auf die Atmosphäre. So wird es zwar nicht direkt heißen, aber durch entsprechende Ausnahmeregelungen de facto so sein und bleiben. Wie konnte es zu diesem Zustand kommen? Stellen wir diese Frage noch etwas zurück zugunsten eines Ausblicks auf »die Natur selbst« und wie es in ihr zugeht.

Alles wäre ganz einfach: Der Landwirtschaft werden die Gifte verboten, weil sie nichts in der Umwelt und schon gar nichts in unserer Nahrung zu suchen haben, auch nicht in Resten und Spuren. Ihre Erträge würden sinken, Brot und Fleisch entsprechend teurer werden. Bilanz also ausgeglichen? Gutes Geld für gute Produkte! Das wär's doch. So eine Vorstellung ist leider ebenso Wunschbild wie der ausgeglichene Naturhaushalt. Seine nähere Betrachtung wird uns zurückführen zum Dilemma der Landwirtschaft und dieses vielleicht etwas besser verständlich machen. Davor ist es aber nötig, erneut auf die Gifte einzugehen. Glyphosat, DDT und all die anderen Pflanzenschutzmittel sind nicht die einzigen Gifte. Sie sind einem längst vorhandenen Giftcocktail der Natur hinzugefügt worden. Natürliche Gifte bestimmen nach wie vor das Leben. Es gibt sie überall. Auch in der besten Nahrung. Entgiftung gehört zu den Grundtätigkeiten im Stoffwechsel der Lebewesen. In uns ist die Leber Hauptzuständige dafür. Dem Umgang mit Giften ist es sogar zuzuschreiben, dass sich höchst komplexe Strukturen in den Organismen entwickelten. Ob wir es wahrhaben wollen oder nicht: Das mit weitem Abstand bedeutungsvollste Gift war einst der Sauerstoff. Anfangs hatte es keinen freien Sauerstoff in der Atmosphäre gegeben. Die ursprünglichsten Mikroorganismen sind sogenannte Anaerobier – was bedeutet, dass sie ohne Sauerstoff leben und dass dieser auf sie tödlich wirkt. Als vor Urzeiten, vor mehr als zwei Milliarden Jahren, Mikroben anfingen, bei ihrem Stoffwechsel Sauerstoff freizusetzen und ins Wasser abzugeben, war der Rest des Lebens in höchster Gefahr, von diesem neuen Gift verbrannt und ausgelöscht zu werden. Über viele Jahrmillionen hinweg wäre nicht abzusehen gewesen, dass diese mit anderen Stoffen äußerst aggressiv reagierende Substanz zur unerlässlichen Voraussetzung für alles »höhere Leben« werden würde.

Den Vorgang, bei dem Sauerstoff entsteht, nennen wir Fotosynthese. Dabei werden über die Einwirkung von Licht aus Kohlenstoffdioxid und Wasser organische Stoffe (Kohlenhydrate) und ebendieser Sauerstoff gebildet. Möglich macht dies ein chemisch komplexer Stoff, der aufgrund der grünen Farbe, die er den Trägern dieser Verbindung verleiht, Chlorophyll (= Blattgrün) genannt wird. Winzige blaugrüne »Algen« entwickelten in jener fernen Urzeit des Lebens das Chlorophyll und die Fotosynthese. Ihre Abkömmlinge leben umfänglich fort in der Pflanzenwelt. Das Leben wäre allerdings am Erfolg der Fotosynthese zugrunde gegangen, wäre es anderen Mikroben nicht gelungen, sich gegen den chemisch so aggressiven Sauerstoff zu schützen und ihn sich schließlich sogar zunutze zu machen. Als am bedeutungsvollsten und zukunftsträchtigsten erwiesen sich dabei Bakterien, denen es gelang, den Sauerstoff gleichsam zu zähmen und ihn dazu zu benutzen, chemische Energie in Phosphorverbindungen zu speichern. Phosphor selbst ist ein starkes Gift, Phosphate gehören aber zu den wichtigsten Stoffen für die Lebewesen. Einer davon, das Adenosintriphosphat, abgekürzt ATP genannt, wurde zu einer Art Energiewährung für das (höhere) Leben, mit der die besonderen Leistungen des Stoffwechsels beglichen und immer wieder neu ermöglicht werden. Zwei Gifte wurden also Lebensspender in ihrem Zusammenwirken. Spender höheren, komplexeren Lebens, das viel Energie benötigt. Höchst seltsam, zumindest bei unseren Vorstellungen vom Gift.

Die anderen Lebensformen, für die Sauerstoff Gift blieb und die ihre Energie aus anderen chemischen Vorgängen beziehen, wurden von diesen beiden großen Neuerungen zurückgedrängt in die finsteren Nischen des Lebens, in die nicht genügend oder gar kein Licht dringt und in denen damit den grünen Pflanzen die Existenzmöglichkeiten fehlen. Es gibt sie in den Tiefen des Ozeans, in der Unterwelt der Böden und sogar im Gestein der Erdkruste, aber auch im Innenleben der groß und komplex gewordenen Organismen. In diesen wirken sie ganz wesentlich mit bei der Verdauung der aufgenommenen Nahrung. In ihrer licht- und sauerstofflosen Welt vollführen sie chemische Reaktionen (fast) wie im Reagenzglas. Dabei werden komplexe Stoffe in einfachere zerlegt und für die Aufnahme im Darm zugänglich gemacht. Verdauung ist, vereinfacht aber treffend ausgedrückt, Zersetzung von organischen Stoffen *ohne* Verbrennung durch Sauerstoff. Zu dieser kommt es dann erst im Körper, in den Muskeln und in anderen Organen, aber eben nicht einfach mit freiem Sauerstoff aus der Luft, sondern mit gezähmtem über das Adenosintriphosphat, das ATP. Es hält das innere Feuer des Lebens am sanften, nicht zerstörenden, sondern aufbauenden Glimmen.

Dieser Ausgriff auf die Chemie des Stoffwechsels und die ursprünglich und grundsätzlich anhaltende Giftwirkung des Sauerstoffs würde viel zu weit vom Thema abschweifen, gäbe es nicht eine Fülle direkter Verknüpfungen mit den Giften (im engeren, unmittelbaren Sinne). So müssen sich die Zellen sowohl vor freiem Sauerstoff schützen, der im Wasser gelöst vorhanden ist und eindringen könnte, aber auch – und dies noch viel mehr – vor dem Luftsauerstoff. Denn dieser macht rund 21 Prozent der bodennahen Atmosphäre aus und ist damit überall vorhanden, wo Pflanzen wachsen und Tiere leben. Für die Atmung, die Umkehrung der Fotosynthese, wird dieser freie Sauerstoff umfassend benötigt. Wir benutzen ihn mit jedem Atemzug und er darf uns wie dem allergrößten Teil aller übrigen Lebewesen nicht zu knapp werden. Doch auch die Atmung muss so ablaufen, dass es zu keinen Verbrennungen kommt. Die Bildung schützender Zellwände ist die Reaktion gegen zu heftige Sauerstoffwirkungen. Möglich wurde sie bei den Pflanzen, die ja unmittelbar gasförmigen Sauerstoff freisetzen, durch die Herstellung stabiler Kohlenstoffverbindungen in der Zellulose und den Holzstoffen (Lignine). Sie sind chemisch so gefestigt, dass ihnen freier Sauerstoff nichts anhaben kann. Und viele andere Gifte auch nicht, weil diese nicht durch die Zellulosewand der Zellen ins Innere gelangen. Die Folge davon war, dass die anfangs gleichfalls mikroskopisch kleinen Pflanzen (Algen) stark wachsen und das Land mit der Sauerstofffülle des Lauftraumes besiedeln konnten. Dort wurde es in zunehmend trockener Atmosphäre für andere Mikroben schwierig bis unmöglich, die auf fester Zellulose und Holzstoff aufgebauten Pflanzen zu zersetzen.

Dafür brauchten sie Feuchtigkeit, Wärme und Hilfsstoffe, Enzyme, die die Spaltung der Zellulose- und Ligninmoleküle ermöglichen. Es entstand ein zunehmendes Ungleichgewicht zwischen Aufbau (Wachstum) und Abbau (Zersetzung). Je größer und fester die Pflanzen wurden, desto länger dauerte ihre Zersetzung. Und da sie schneller wuchsen, viel schneller, als sie wieder abgebaut und zu »Boden«, zu Humus gemacht wurden, kamen Überschüsse in der Pflanzenproduktion zustande. Das klingt vertraut und ist tatsächlich auch der Hintergrund für unsere Pflanzenproduktion. Doch wiederum müssen wir Gifte berücksichtigen. Die Fotosynthese lief und läuft nach wie vor längere Zeit so gut, dass Engpässe auftreten. Wir nennen das »Mangel«, weil es beispielsweise an Wasser mangelt, wenn die Sonneneinstrahlung stark ist und die Temperatur hoch liegt, oder an Mineralstoffen, die benötigt würden. Unter solchen natürlicherweise auftretenden Verhältnissen kommt ein Überschuss an Energie zustande. Die Pflanzen vermindern beziehungsweise vernichten diesen dadurch, dass sie nicht bloß Zucker und Zellulose aufbauen, chemisch vergleichsweise einfache Stoffe, sondern komplexe, deren Synthese zusätzlich Energie benötigt. Einfach ausgedrückt: Je mehr Energie hineingesteckt wurde, desto schwieriger ist es, die Verbindungen wieder abzubauen und in die einfachen, anderweitig nutzbaren

Teilstücke zu zerlegen. Holz kann durch Einlagerung von Kieselsäure sehr hart, »steinhart« werden. Tropenhölzer, die unter starker Sonne langsam wachsen, erreichen eine besondere Härte. Manche werden »Eisenholz« genannt. Von Bakterien und Pilzen sind sie kaum zu zersetzen. Ihr Abbau dauert lange. Unter den sauerstofffreien Bedingungen im Moor kann unser Eichenholz Jahrtausende überdauern. Härte und Dauerhaftigkeit zu vergrößern ist eine chemische Möglichkeit, das Überangebot von Sonnenenergie zu nutzen und unschädlich zu machen. Eine andere setzt dort an, wo gleichfalls seit Urzeiten die »Nutzer« wirken, die Fressfeinde. Die meisten pflanzlichen Stoffe können nicht direkt von Tieren verdaut werden, sondern nur mithilfe von Bakterien. An manchen komplexen chemischen Verbindungen scheitern diese auf die Schnelle. Solche sind beispielsweise Alkaloide, Phenole und Stoffe, die Cyanverbindungen enthalten und diese als hochgiftige Blausäure freisetzen. Wir empfinden sie als Bitterstoffe, wie etwa im Kohl (Senfölglykoside) und Kaffee (Alkaloide) und haben gelernt, mit den Mengen vorsichtig umzugehen. Sonst würden auch solche Stoffe zu Vergiftungen führen. Manche Pflanzen, wie die Wurzelknollen der tropisch-subtropischen Maniokpflanze, müssen vor dem Verzehr entgiftet werden, weil sie stark blausäurehaltig sind. Kochen zerstört und entgiftet viel, jedoch nicht alles. Das zeigt die Gefahr von Pilzvergiftungen: Alljährlich fallen Menschen Giftpilzen zum Opfer.

Historisch war es ein besonderer Pilz, der die Menschen insbesondere im (europäischen) Mittelalter bedrohte, der Mutterkornpilz. Davon befallenes Getreide bewirkte, dass Brot giftig wurde und Halluzinationen bis hin zum sogenannten Veitstanz verursachte. Andere Gifte mit ähnlicher Wirkung stecken in Beeren und Früchten wie in der Tollkirsche, im Bilsenkraut, im Schierling und vielen anderen Pflanzen. Die ganze Vegetation ist durchsetzt von Giften unterschiedlichster Typen. Bestimmte Giftstoffe charakterisieren sogar ganze Pflanzenfamilien, wie die Senfölglykoside die Kohlgewächse und die Cumarine die Doldengewächse. Ganz nach dem Prinzip von Paracelsus macht dabei die Menge das Gift. Kümmel, Fenchel, Anis wie auch Waldmeister (in der Bowle) und Senf benutzen wir entsprechend dosiert, sodass wir selbst die enthaltenen Giftmengen vertragen, schädliche Bakterien und andere Mikroben oder parasitische Würmer aber nicht. Bis zur Herstellung synthetischer Medikamente basierte die gesamte Behandlung von Infektionskrankheiten auf den Giften der Natur, Heilpflanzen genannt. Die »Kräuterapotheke« ist nichts anderes als deren kundige Nutzung. Und wie die richtige Dosierung synthetischer Arzneimittel setzt auch sie entsprechende Kenntnisse voraus. Die falsche Menge kann tödlich, die richtige heilend wirken. Wie bei einer der giftigsten unter den heimischen Blütenpflanzen, dem Roten Fingerhut. Mit seinem Gift werden Herzerkrankungen behandelt. Mit seinem Gift könnte auch getötet werden.

Prinzipiell gilt diese Feststellung auch für die »guten«, die unproblematischen Nahrungsstoffe wie Zucker, Fett und Fleisch. Zu viel auf einmal wirkt schädlich und kann schlimmstenfalls sogar zum Tod führen. Zucker ist ausgezeichneter Brennstoff für den Körper, zu viel Zucker macht krank, und mit konzentriertem Zucker lassen sich Nahrungsmittel konservieren und vor der Zersetzung durch Mikroben schützen. Gleiches trifft für Fette zu. Mit Pflanzenölen wird seit alten Zeiten konserviert. Mit Säure auch, wie bei der Gärung von Kraut zu Sauerkraut und von Wein zu Essig. Hinzuzufügen ist die alkoholische Gärung; weniger bekannt die Konservierung durch Eiweißzersetzung, wie bei den in China so geschätzten faulen Eiern.

In der Natur bewirken die vielfältigen Giftstoffe eine Vervielfältigung der Organismen. Insbesondere Insekten passten sich den Pflanzengiften an und spezialisierten sich auf die Nutzung giftiger Arten und ihrer Verwandtschaft. Die Pflanzen selbst entwickelten schier unglaubliche Gifttoleranzen. So gibt es eine spezielle Flora auf Böden, die stark, für Menschen in höchst gefährlicher Weise mit Schwermetallen belastet sind. Manche Pflanzen sammeln und entgiften sogar chemisch synthetisierte Gifte, so zum Beispiel die ohnehin giftige Tollkirsche, die PCBs aufnimmt und entgiftet. Das stellten in den späten 1990er Jahren bereits tschechische Wissenschaftler fest (National Geographic vol. 193, no. 5). Fragt sich nur: Wohin dann mit der Giftpflanze voller giftiger PCBs? Der große Unterschied liegt darin, dass die Naturgifte, soweit wir dies wissen, ausnahmslos auch auf natürlichem Weg wieder entgiftet werden. Sie stecken in Pflanzen (oder auch in giftigen Tieren) und sind nicht mehr oder weniger großflächig verteilt in der Natur. Kurz formuliert: Die Natur entgiftet ihre eigenen Gifte.

Entgiftung oder hinreichend starke Verminderung des Giftgehaltes war auch das Grundprinzip der Nutzbarmachung unterschiedlichster Pflanzen für die menschliche Ernährung. Die Pflanzendomestikation ist charakterisiert durch die Züchtung von Varietäten, die wenig oder keine natürlichen Abwehrgifte mehr enthalten. Besonders gut sehen wir dies gegenwärtig noch im Spektrum der Kohlgewächse. Bei diesen bilden die besonders »scharfen« Formen, wie Senf und Meerrettich, das eine Ende des Spektrums, ganz milde Salate das andere. Birnen, Äpfel und Kirschen verloren in den Früchten ihrer kultivierten Formen die Bitterstoffe, welche die Wildformen kennzeichnen. Gezüchtete Bohnen, Erbsen und andere Hülsenfrüchte enthalten weit weniger Verbindungen, aus denen sich Blausäure abspaltet, als die natürlichen Leguminosen. Auch wenn andere Gifte zu berücksichtigen sind, wie Phasin in grünen (ungekochten) Bohnen. Diese Neuerung hat außerordentlich bedeutsame Folgewirkungen.

Die durch Züchtung weniger giftig oder ganz ungiftig gemachten Nutzpflanzen wurden damit auch zur idealen Nahrung für Tiere und Pilze. Denn in dem Maße, in dem sie ihre natürlichen Schutzstoffe vermindert bekamen, sank auch der Aufwand für die Entgiftung, den die auf die Wildformen dieser Pflanzen spezialisierten Insekten und andere Tiere zu leisten hatten. Weitere Arten konnten die giftarm gewordenen Nutzpflanzen in ihr Nahrungsspektrum mit aufnehmen. Und die allzeit gefährlichen Pilze, die Pflanzen direkt befallen und nicht erst nach deren Absterben mit der Zersetzung beginnen, erhielten günstigste Ansatzmöglichkeiten. Denn auch auf Weichheit wurde gezüchtet. Äußere Härte der Pflanzen bedeutet stets Schutz vor dem Eindringen von Pilzen. In einer Welt voller natürlicher Gifte, durchsetzt mit massivem Selbstschutz der Pflanzen vor dem Angriff der unterschiedlichsten Nutzer, schufen die Menschen einen globalen Riesengarten bekömmlichster und sehr leicht zugänglicher Pflanzenkost. Selbstverständlich reagierte die lebendige Natur darauf und versucht, sich an dieser Bonanza mitzubedienen. Es war, ist und bleibt das außerordentlich umfangreiche und so gut zu verwertende »Angebot«, das Schädlinge generiert. Und (uns) zur Abwehr zwingt. Doch die Bekämpfung mit den künstlich hergestellten Pflanzenschutzmitteln verursacht ein anders geartetes Problem. Die neuen Stoffe sind fremd in der Natur. Es gab sie nicht. Die Mikroben konnten sich nicht allmählich wie bei den natürlicherweise vorkommenden Giften über lange Zeiten darauf einstellen, sie meiden oder durch geeignete Wirkstoffe (Enzyme) unschädlich machen und zerlegen. Besonders schwierig sind die chemisch sehr stabilen Verbindungen, wie das DDT. Solche Stoffe werden auch deshalb als persistent, also dauerhaft charakterisiert, nicht nur weil sie in der unbelebten (abiotischen) Umwelt sehr stabil sind. Persistent sind viele Naturstoffe, aber diese wirken nicht giftig auf andere Organismen. Naturgifte und künstliche Gifte unterscheiden sich daher weit stärker in ihrem Verhalten in der Umwelt als in ihrer direkten Giftigkeit. Quecksilber, Blei oder Cadmium sind als Naturstoffe sehr giftig und bleiben dies unbegrenzt. Aber sie kommen von Natur aus nur an wenigen Stellen in Konzentrationen vor, die Giftwirkung entfalten. Synthetische Gifte werden dagegen gerade dort großflächig und in wirksamen Konzentrationen ausgebracht, wo von Natur aus für die Organismen besonders günstige Bedingungen herrschen. Die natürliche Giftigkeit der Welt ist strukturiert und so verteilt, dass sich die Lebewesen darauf einstellen konnten. Bei der künstlichen Giftigkeit verhält es sich anders. Die Zielorganismen sollten sich gerade nicht darauf einstellen können. Das provoziert ein äußerst problematisches Phänomen, mit dem wir uns auch bei der Anwendung von Arzneimitteln auseinandersetzen müssen. Es ist dies die Entwicklung von Resistenz. Werden synthetische Gifte unwirksam, weil die Schädlinge resistent geworden sind, kommen womöglich »Super-Weeds« zustande, Superunkräuter.

Sollte die Landwirtschaft also doch besser auf den Einsatz von Giften verzichten und damit Schäden und Verluste in Kauf nehmen, buchstäblich, weil dann die landwirtschaftlichen Produkte teurer würden? Ließe sich ohne Gifte ein Naturhaushalt im Gleichgewicht erzielen, in dem dennoch eine nachhaltig nutzbare Produktion stattfindet? So eine Gleichgewichtsvorstellung erweist sich allerdings, näher betrachtet, als Wunschbild fern der Wirklichkeit.

Die Fiktion vom Gleichgewicht

Landwirtschaft will produzieren. Sie muss absetzbare Überschüsse erwirtschaften, weil die Zeiten, in denen es um die Selbstversorgung ging, längst vorbei sind. Es war dies der Zustand beim Übergang vom umherschweifenden Jagen und Sammeln zur Gartenbauwirtschaft. Letzte Formen davon gab es bis in unsere Zeit in entlegenen Hochtälern von Neuguinea und im Inneren Amazoniens. Schon unsere frühere, bäuerliche Landwirtschaft war darauf angewiesen, für die übrige Bevölkerung Nahrungsmittel zu erzeugen und an sie zu verkaufen. Das kommt uns so selbstverständlich vor, dass man gewöhnlich nicht mehr darüber nachdenkt, weshalb dies eigentlich möglich ist. Und warum wir Menschen in dieser Hinsicht unter fast allen übrigen Lebewesen die große Ausnahme sind. Einer Landwirtschaft nahe kommen lediglich manche Ameisen und Termiten, die unterirdische Pilzgärten anlegen. Und andere Ameisen, die sich »Melkkühe« in Form von Blattläusen halten, deren zuckerhaltige Ausscheidungen sie genießen. Zweifellos sind das seltsame Formen von Landwirtschaft. Mit Termiten und Ameisen wollen wir uns nicht gern vergleichen, obwohl es sich (wenigstens) um staatenbildende Insekten handelt. Die Entwicklung von Landwirtschaft war offenbar, aus der Distanz der gesamten lebendigen Natur betrachtet, alles andere als einfach. Anders ausgedrückt: Sie wurde nicht mehrfach oder wiederholt erfunden. Dafür gibt es gute ökologische Gründe.

Erstens liegt eine erhebliche Zeitspanne zwischen dem Säen und Ernten. Sie muss überbrückt werden. In außertropischen Regionen schieben sich der Winter oder auch längere Hitzezeiten im Sommer dazwischen. Selbst in den Tropen kann vielerorts nicht kontinuierlich gesät und geerntet werden. Allein aufgrund der Verzögerungszeit bis zur möglichen Ernte muss diese entsprechend viel bringen. Der Ernteüberschuss hat aber nicht allein die Zeit des Mangels zu überbrücken, sondern auch das Saatgut zu liefern, das für den nächsten Zyklus benötigt wird. Es handelt sich also um eine doppelte Vorratswirtschaft: eine für den menschlichen Verzehr und eine weitere für die neue Saat oder, in der Viehhaltung, für den neuen Nachwuchs. Noch immer scheint dies so selbstverständlich, dass es nicht betont werden müsste, weil auch Nichtlandwirte solche Abläufe für ganz natürlich halten. Dennoch besteht insbesondere in der Pflanzenproduktion ein gewaltiger Unterschied zu »ganz natürlichen Verhältnissen«. Jedes Mal wird nämlich in der Landwirtschaft der Boden aufs Neue in den Rohzustand zurückversetzt, umgeackert, umgebrochen, geeggt und möglichst frei von anderen Pflanzen gehalten, damit diese das Wachsen und Gedeihen der Kulturpflanzen nicht beeinträchtigen. In der Natur entstehen ähnliche Rohböden nur nach Katastrophen, etwa als Folge von Bergrutschungen, starken Überschwemmungen mit Ablagerung von Sand und Tonpartikeln oder, schon weniger direkt vergleichbar, nach Feuer in Savannengelände.

Solche Ausgangsverhältnisse gestatten den Pflanzen ein sehr schnelles, sehr üppiges Wachstum, wenn es die Vegetationszeit über in der nötigen Weise regnet oder wenn künstlich bewässert wird. Der Pflanzenbau in der Landwirtschaft nutzt solche Bedingungen und schafft sie jedes Mal erneut. Damit bewegt er sich aber – wie nun wohl deutlich wird – fernab vom Gleichgewicht. Je ferner, desto produktiver. Ganz ohne andere Pflanzen als Konkurrenten wachsen die Nutzpflanzen am besten, zumal wenn es sich um kurzlebige Arten handelt. Für länger lebende, wie Bäume und Sträucher, gelten andere, dem Gleichgewichtszustand näherkommende Verhältnisse. Anders als in der Natur werden der produzierenden Fläche mit jeder Ernte Stoffe entzogen. Genutzt werden die Erzeugnisse dann andernorts, nicht selten sogar ziemlich weit entfernt vom Ort ihrer Entstehung. Zur zeitlichen

Verzögerung zwischen Saat und Ernte kommt daher eine räumliche Verlagerung hinzu. Hier wird produziert, dort verwertet, verbunden mit der Entstehung von Abfallprodukten (Abwasser, Exkrementen). Um das Produktionsniveau zu erhalten, müssten der Verbrauch entstehungsnah stattfinden und alle Ausscheidungen zurückgebracht werden. Das hat man jahrhunderte-, gebietsweise auch jahrtausendelang versucht. Verhindern ließ sich das anhaltende Ausmagern der Flächen aber nicht. In den ursprünglichen, ganz einfachen Feldbaukulturen waren die Menschen gezwungen, die genutzten Flächen zur Wiedererholung immer wieder aufzugeben und neue anzulegen. Sie betrieben Wanderfeldbau (shifting cultivation). Jahrzehntelange Erholungszeiten der Böden waren dafür nötig. Pro Mensch musste ein Vielfaches der heutigen Produktionsfläche verfügbar sein. Hunger gab es dennoch fast immer. So ist es nach wie vor, wenn tropische Regenwälder gerodet und in landwirtschaftliche Nutzung genommen werden. Die Böden verlieren sehr rasch die ohnehin geringe Fruchtbarkeit. Neue, noch größere Flächen werden benötigt. Was der Wanderfeldbau kleinräumig tun konnte, weil die Gesamtsiedlungsdichte der Menschen sehr gering blieb, führt bei Umwandlung in großflächige Rinderhaltung oder Sojaanbau zu Raubbau.

Für eine anhaltend hohe Überschussproduktion muss die Fläche daher nicht nur fern vom Gleichgewicht und möglichst im Anfangszustand gehalten beziehungsweise immer wieder zurückversetzt werden, sondern sie benötigt Nachdüngung. Mindestens das, was von der Nahrung in die Körper der Menschen und/oder ihrer Nutztiere übernommen wird, muss durch Düngung ersetzt werden. In die Fachsprache der Ökologie übersetzt heißt dies, dass entsprechend starke Stoff- und Energieflüsse stattfinden. Das »ökologische Feuer« glimmt nicht nur so vor sich hin, sondern es lodert lichterloh, so viel Energie wird im »Agro-Ökosystem« umgesetzt. Tendenz steigend in der modernen Hochleistungs-Agrikultur. Diese ökologisch-physikalische Charakterisierung besagt auch, dass rein natürliche Prozesse nicht in der Lage sind, solche Leistungsniveaus zu erzielen, wie sie die moderne Landwirtschaft aufgebaut hat. Befeuert werden diese sowohl von der Energie, die in den Treibstoffen steckt, mit denen die Motoren laufen, als auch von den Nährstoffen, die unter hohem Einsatz von Energie erzeugt worden sind (Düngemittel, Pflanzenschutzmittel). Energetisch betrachtet ist die Landwirtschaft ein Hochleistungs-, ja ein Höchstleistungssystem. Sie liegt sehr fern vom Gleichgewicht und muss dort auch im Prinzip bleiben. Sonst kommen keine hinreichend großen nutzbaren Überschüsse zustande.

Der Energieaufwand betrifft zwar hauptsächlich das Wachstum der Nutzpflanzen und seine Förderung einschließlich der Ernte unter möglichst geringen Verlusten, aber auch das Unterdrücken von Konkurrenten und Feinden. Aus der Sicht der Agrikultur sind offene, nährstoffreiche Böden für sehr viele andere Pflanzen leider auch höchst attraktiv. Wer ähnlich schnell oder gar noch schneller als die Nutzpflanzen wachsen kann, wird dort zum Unkraut, das niedergehalten, möglichst ausgerottet werden muss. Längst weiß man, dass die Ausrottung generell nicht möglich ist, weil sie einen viel zu großen Anteil an der gesamten Pflanzenwelt betreffen würde. Also richtete sich das Bemühen auf die Unterdrückung »unter die Schadensschwelle«, wie die Zielsetzung bezeichnet wird. Ganz Entsprechendes gilt für Tiere und Pilze oder Krankheitserreger, die von den Nutzpflanzen leben (würden). Sie können nie in ein Gleichgewicht mit den kultivierten Pflanzen kommen, weil das Angebot immer größer bleibt als die von ihnen kommende Nachfrage. Denn für die möglichst umfangreiche Nutzung durch die Menschen wird gepflanzt, gedüngt und bewirtschaftet, nicht für die einfach aus der Natur kommenden Nutzer. Wie für die Erträge unmittelbar, gilt auch in diesem Bereich: Je stärker das Produktionsniveau steigt, desto höher wird der Druck der Fremdnutzer und Krankheitserreger. Und je größer die einheitlich produzierenden

Flächen, desto gefährdeter sind sie. Anders ausgedrückt: Monokulturen können zwar viel Ertrag liefern, sind aber hochgradig anfällig für alle möglichen Gefährdungen. Die Vorstellung von einem ausgewogenen Gleichgewicht des Naturhaushaltes bleibt für die Landwirtschaft eine Fiktion. Sie ist nicht einmal erstrebenswert. Denn mit dem Gleichgewicht käme das Ende der Überschussproduktion.

Mit steigendem Bedarf war zwangsläufig verbunden, dass die Flächen ausgeweitet, von allem Störenden wie Hecken und Unkräutern befreit, vereinheitlicht und mit ertragreichen Monokulturen bewirtschaftet wurden. Auf diesen »steigenden Bedarf« stützt sich das Hauptargument der Landwirtschaft, dass sie so wirtschaften müsse, wie sie das tut. Zur leistungsschwachen bäuerlichen Form sei ein Zurück nicht möglich. Wie sollte denn damit die Bevölkerung ernährt werden? Millionen Menschen wanderten im 18. und 19. Jahrhundert, teilweise noch im frühen 20. Jahrhundert in die Neuen Welten in Übersee aus, weil die bäuerliche Landwirtschaft bis zur agrarindustriellen Revolution die Bevölkerung nicht ernähren konnte. Ganz besonders schlimm waren Hunger und Mangel gegen Ende des Zweiten Weltkrieges und in den Jahren danach. Autarkie, Selbstversorgung mit den Grundnahrungsmitteln, musste das Ziel sein. Dafür wurde die Landwirtschaft nach dem Krieg massiv subventioniert und privilegiert.

Subventionen

Die Landwirtschaft meisterte die Herausforderung auf eine ans Wunderbare grenzende Art und Weise. Nach weniger als zwei Jahrzehnten erzeugte sie, was gebraucht wurde – und sogar viel mehr davon. Drei neue Rahmenbedingungen wirkten zusammen und verstärkten einander: Die Mechanisierung, bei der die Zugkraft von Tieren, von Pferden und Ochsen, durch dieselgetriebene Traktoren ersetzt und weit überboten wurde. Der Masseneinsatz von Kunstdünger, mit dem die Defizite ausgeglichen wurden, die durch die Ernten zwangsläufig zustande kommen. Und der Schutz der Nutzpflanzen durch künstlich hergestellte Chemikalien, die Pflanzenschutzmittel. Sie verminderten die Verluste durch Unkräuter, Schädlinge und Krankheiten drastisch. Ermöglicht hatte dies eine umfassende Agrarförderung, die weit darüber hinausging, was sich einzelne Betriebe hätten leisten können. Selbst (nach heutigen Begriffen so zu bezeichnende) Großbetriebe wären von den Anfangskosten überfordert gewesen. Auch hätte die Bevölkerung kostenbezogene Preise für die Agrarprodukte nicht bezahlen können. Zudem waren große Teile der Agrarlandschaft noch nicht maschinengerecht strukturiert. Hauptziel der Flurbereinigungen war daher die Flächenvergrößerung für den effizienten Maschineneinsatz. Stark verkürzt ausgedrückt, hatte die Bereinigung der Natur zwar die Ernährung der Bevölkerung als tiefere Begründung, in der Praxis ging es aber um die Anpassung der Fluren an die Maschinen. Und um die Konkurrenz der nationalen Agrarprodukte auf dem europäischen Markt. Der rasche, ganz enorme Wertzuwachs der DM verteuerte die landwirtschaftlichen Erzeugnisse. Billigeres hätte aus Frankreich und anderen westeuropäischen Nachbarstaaten kommen können. Neben der Montanunion im Bergbau (und ihrer rasch sinkenden Bedeutung) rückte eine gemeinsame Agrarpolitik ins Zentrum der zwischenstaatlichen Bemühungen in Westeuropa. Aus der Europäischen Wirtschaftsgemeinschaft (EWG) wurde eine Agrargemeinschaft.

Auch mit ihrer Erweiterung zur Europäischen Gemeinschaft (EG) blieb die Agrarpolitik im Zentrum. Sie machte mehr als die Hälfte der EG-Milliarden aus. Subventionsmilliarden, die auch für Großbritannien und nach dem Zusammenbruch der Sowjetunion für die mittelosteuropäischen Staaten so attraktiv wurden, dass sie bereit waren, der EG beizutreten und sie zur Europäischen Union (EU) zu vergrößern. Zum reinen Agrarfördertopf kamen Strukturfonds dazu, weil wie in Ostdeutschland in den osteuropäischen Staaten schon großenteils maschinengerechte Flächengrößen vorhanden waren. Das »Union« in der EU bezieht sich auch gegenwärtig im Wesentlichen auf die Agrarförderung.

Die politische Maschinerie war indessen damit beschäftigt, die seit Jahrzehnten produzierten Überschüsse der europäischen Landwirtschaft zu bewirtschaften. Dies bedeutete, dass sie auf den Weltmarkt gebracht und auf diesem nicht nur selbst der internationalen Konkurrenz ausgesetzt wurden, sondern eine solche für die Produkte der armen Staaten der sogenannten Dritten Welt aufbauten. Bereits in den 1980er und 1990er Jahren galt dies für Weizen oder für Rind- und Schweinefleisch. Zu Beginn des 21. Jahrhunderts wurde in Deutschland sogar Brotweizen als Brennstoff eingesetzt, so groß waren die Überschüsse und so sehr war der Weizenpreis gesunken. Wie schon angeführt verkaufte er sich als Heizmittel gewinnbringender. Chinas Eintritt in die globale Wirtschaft verstärkte zunächst den Bedarf, dann aber auch den Konkurrenzdruck. Was ursprünglich als Förderung gedacht war, um die Versorgungssicherheit der Bevölkerung mit den Grundnahrungsmitteln sicherzustellen, geriet zum Selbstläufer. Niemand war mehr in der Lage, die gigantische Walze der Subventionierung der Agrarprodukte abzubremsen und einer Marktwirtschaft zuzuführen. Dies bei Zucker und Milch zu versuchen, scheiterte am Widerstand der Bauern. Es blieb bei der (über-)staatlichen Planwirtschaft mit weiterer Steigerung der Produktionsniveaus, des Energieeinsatzes und der Massenanwendung von Giften, um dieses vom Gleichgewichtszustand inzwischen extrem entfernte Agro-(Öko-)System zu stabilisieren. Was ökologisch logisch erschien, erweist sich bei genauerer Betrachtung als viel zu weit ins Extrem getriebene Subventionswirtschaft, deren Kollateralschäden auf die Bevölkerung abgewälzt werden, weil die Landwirtschaft von den strengen Auflagen befreit ist, die längst auch für die chemische Industrie und andere Industriesegmente gelten. Die Bereinigung der Natur ist zwar eine Folge der Verbesserung der Produktivität der Agrarsysteme. Sie war aber in diesem Übermaß überhaupt nicht notwendig, weil seit einem halben Jahrhundert schon über den Bedarf produziert wird. Dennoch wird weiter kräftig subventioniert. Eine der Folgen ist bekannt, die betriebliche Bereinigung in der Landwirtschaft mit Vernichtung der bäuerlichen Landeskultur zugunsten immer weniger Agrarbetriebe mit immer größeren Agrarflächen. Auch darauf wurde bereits hingewiesen. Das Bauernsterben beklagt man seit Jahrzehnten, ohne dass aus dem Lamentieren politische Konsequenzen gezogen werden. Weil es Gewinner gibt, die gewaltigen politischen Einfluss haben. Die Bauern waren Mittel zum Zweck, nicht wirklich das Ziel der Unterstützung, die sie mit den Subventionen eigentlich hätten erhalten sollen. Die Konzentration der Flächen spielte den Großen immer mehr öffentliche Mittel zu und vernichtete die Kleinen.

Fern vom Gleichgewicht – ein Teufelskreis?

Die Landwirtschaft muss fern vom ökologischen Gleichgewicht produzieren. Würde sie zulassen, dass sie ins Gleichgewicht gerät, käme kein Ertrag mehr zustande; kein nennenswerter zumindest. Die Produktion des Sommers würde den Winter über wieder verbraucht. So eine Selbstgenügsamkeit ist zwar möglich, jedoch als Ziel unrealistisch. Sie entspräche dem Zustand der frühen Gartenbau-Landwirtschaft beim Übergang vom Jäger-und-Sammler-Dasein zur Sesshaftigkeit. Erst mit zunehmender Entfernung vom natürlichen Gleichgewicht ließ sich die Produktion steigern, konnten Überschüsse erzeugt werden, die mehr Menschen zugutekamen als den unmittelbar in der Landbewirtschaftung Tätigen. Soweit nochmals das Grundprinzip. Die Frage ist: *Wieweit* sollte die Entfernung vom Gleichgewicht getrieben werden?

Die Antwort scheint nicht allzu schwierig: So weit, wie es das Recycling zulässt. Wenn nach den diversen Nutzungen alles wieder auf die Fluren zurückgebracht wird, was im Produktionsprozess beteiligt war, Nährstoffe für das Wachstum, Wasser und verbleibende Rest-

und Abfallstoffe, entstünden weitgehend geschlossene Kreisläufe. Sie würden dem gleichkommen, was wir »stabile Ungleichgewichte« nennen könnten. Die dafür eingesetzte, den Prozess durchfließende Energie hält die Kreisläufe in Gang, aber fern vom Gleichgewicht.

Mit derart stabilen Ungleichgewichten ließe sich vermeiden, dass sich die Produktion immer weiter vom Gleichgewicht entfernt, immer mehr Energie benötigt und immer größere und problematischere Umweltbelastungen in Form von Abfällen (wie Gülle) und Rückständen von Giften erzeugt. Und der Allgemeinheit immer mehr Kosten aufbürdet. Ist so ein Konzept realistisch?

Unter den gegenwärtigen Verhältnissen nicht wirklich, denn dies hieße z. B., die den importierten Futtermitteln für Stallvieh entsprechende Menge an Gülle und sonstigen Abfällen in die Herkunftsgebiete zurückzuführen. Es hieße auch, dass kein Grund- oder Flusswasser für Bewässerung verwendet werden dürfte, sondern einzig die Niederschlagsmengen, auch wenn diese wechseln. Und Pflanzenschutzmittel dürften lediglich im akuten Fall von Massenvermehrungen der Schädlinge eingesetzt werden, wobei die betreffende Pflanze erst dann wieder verwendet werden könnte, wenn die Rückstände weitestgehend abgebaut sind, sodass keine Akkumulierungen zustande kommen. Aus agrarpolitischer und betriebswirtschaftlicher Sicht werden solche Zielsetzungen sicherlich, zurückhaltend ausgedrückt, als irreale Gedankenspiele zurückgewiesen. Doch so unrealistisch sind sie gar nicht, wie der Rückblick zeigt. Die Landwirtschaft durchlief für die kurze Zeit von etwa einem Jahrzehnt genau diese Phase, nämlich im Übergang von der Unterversorgung zur Überproduktion. In Deutschland fand dies, regional etwas verschieden, in den 1960er bis 1980er Jahren statt. In der Bilanz waren damals Produktion und Verbrauch ungefähr gleich (mit statistisch zulässigen Schwankungen). Aber da das System von Subventionen angetrieben worden war, stellte sich kein dynamisches Gleichgewicht ein, sondern es kam zum raschen Phasenübergang hin zur anhaltenden Überproduktion. Da diese intern zunehmend kostspieliger wurde, musste sie auf dem Weltmarkt entsorgt werden. Damit konnte sich die Spirale weiterdrehen, denn von der Globalisierung der landwirtschaftlichen Produkte profitierten die internationalen Agrarkonzerne. Es lag und liegt unverändert in ihrem Interesse, die Spirale weiterzudrehen, weil damit die Subventionsgelder größtenteils letztlich ihnen zufließen.

Hierfür werden die Agrochemikalien natürlich benötigt. Denn sie sind die realen Verursacher der enormen

Produktionshöhen. Ein mitteleuropäisches Maisfeld zum Beispiel erzeugt pro Hektar und Jahr einen höheren Biomassezuwachs als tropische Regenwälder. Allerdings »arbeiten« diese nur mit Sonnenenergie, die Maisproduktion aber intensivst mit fossiler Energie. Der Tropenwald ist an Lebensformen höchst divers, das Maisfeld aber auf eine einzige, zudem künstlich erzeugte Pflanzenart vereinheitlicht. Krasser unterscheiden sich Natur und (Agri-)Kultur gegenwärtig nicht einmal in den Megalopolen. Denn in Großstädten lebt eine Fülle von Tier- und Pflanzenarten trotz so dichter Bebauung und Besiedlung durch Menschen. Nur die reine Kunstproduktion in Gewächshäusern, die Natur ganz ausschließt, ist noch naturferner.

Vielleicht bildet diese das Endziel. Denn im geschlossenen System lassen sich alle Faktoren kontrollieren. Eine Wechselwirkung mit der Natur kann nicht mehr erfolgen. Damit unterbliebe deren Vergiftung und Bereinigung. Mit der Produktion in der Kunstwelt der Gewächshäuser würden echte Kosten der Erzeugnisse zustande kommen, keine Scheinbilanzen, bei denen sich, wie in der Freilandproduktion, große Teile der Kosten externalisieren und damit der Allgemeinheit aufbürden lassen. Ein allzu rosiger Ausblick? Mag sein, aber wenn, wie dies gegenwärtig bereits geschieht, das Wachsen und Gedeihen auf den Fluren mit

Drohnen überprüft und der Einsatz von Düngestoffen und Giften damit präziser gestaltet wird, so muss man doch gewärtig sein, dass diese »schöne neue Welt« im Kommen ist. Und die alte, vorsorglich permanent vergiftete im Ausklingen. Was ja nicht schlecht wäre.

Blenden wir noch einmal zurück in die Zeit des Phasenübergangs von der Unter- zur Überversorgung der Fluren mit Pflanzennährstoffen und der einsetzenden Überproduktion. Die Größenordnungen der Überschüsse bewegten sich um die 30 Prozent, je nach Verlauf der Witterung. Dieses Zuviel entsprach aber ziemlich genau dem Zugewinn durch den Einsatz von Pflanzenschutzmitteln. Es wäre also sehr wohl möglich gewesen, weitgehend ohne Herbizide, Insektizide und Fungizide auszukommen. Produktion und Bedarf hätten einander in etwa entsprochen. Mit den Mitteln, die benötigt wurden, die Überschüsse zu verwalten, zu lagern und bis in ferne Regionen der Erde zu exportieren, hätten der Landwirtschaft übermäßige Verluste ganz leicht ausgeglichen werden können. Ohne diese Exporte, mit denen die europäische Agrarwirtschaft den Weltmarkt massiv beeinflusst, hätte sich in der Dritten Welt die Landwirtschaft günstiger entwickeln können. Wie zahlreiche Kenner, zum Beispiel der Inder Asit Datta (1984/1993) in seinem Buch *Welthandel und Welthunger*, dargelegt hatten, wirkte die staatlich subventionierte Überproduktion Europas auf die armen Länder besonders schlimm. Aber auch ehedem reiche, wie Uruguay (die »Schweiz Südamerikas«) und Argentinien, traf der expansive europäische Agrarmarkt hart bis vernichtend. Es war und ist denn auch schier unfassbar, dass anstelle von Rindfleisch aus der Pampa Futtermittel aus Südamerika importiert werden, um Rindfleisch hierzulande zu erzeugen. Oder dass Schweinefleisch, das ebenfalls mit Futtermitteln aus fernen Regionen fast wie halbsynthetisch in Massenställen in Rekordzeit produziert wird, ins größte Flächenland der Erde, nach Russland, exportiert wird.

Mit Erhaltung und Förderung bäuerlicher Betriebe, dem ursprünglichen Sinn und Zweck der Agrarsubventionen, hat dies seit Langem nichts mehr zu tun. Man hat sie nach und nach wegsubventioniert. Die »Strukturreform« der Landwirtschaft war eine staatlich finanzierte Vernichtung bäuerlicher Landwirtschaft. Und sie läuft immer noch. Nicht weil die Verbraucher dies so wollen, sondern die internationalen Agrarkonzerne, die sich hinter den sogenannten Marktgesetzen verbergen. Sie treiben die Entwicklung immer weiter über den Bereich stabiler Ungleichgewichte hinaus und erzeugen damit bedenkliche Abhängigkeiten und zerstören Natur. Die globale Agrarwirtschaft bildet die größte Bedrohung des Weltklimas.

Der Teufelskreis, der Circulus vitiosus, ist keine zwingende Folge der ökologischen Gegebenheit, dass sich nutzbare Überschüsse nur fern vom Gleichgewicht erzielen lassen. Vielmehr hat sich die politische Spirale der in der Natur verhafteten Kreislaufprozesse bemächtigt und sie für sich so extrem ergiebig gemacht. Und scheinbar auch für die Gesellschaft. Diese schwelgt im Überfluss billigst gewordener Nahrungsmittel und wirft ein Drittel bis fast die Hälfte davon ungenutzt fort. Da ihr die wahren Kosten der Überproduktion verschleiert werden, bemerkt sie nicht, wie teuer – und für wen – sie tatsächlich bezahlt. In diesem Sinne steht das Allroundmittel Glyphosat nicht nur für die Bereinigung der Natur, sondern auch für die Bereinigung des Marktes – und der öffentlichen Meinung, denn es gelingt dieser globalisierten Landwirtschaft äußerst geschickt, sich den Anforderungen zum Schutz des Klimas zu entziehen. Folgerichtig, jedoch in höchst unbegreiflicher Weise, fehlen angemessene Konsequenzen für die Landwirtschaft im neuen Aktionsplan der deutschen Bundesregierung zum Klimaschutz. Dafür erfahren wir, dass der Verzicht auf Glyphosat die Menge klimaschädlicher Gase aus der Landwirtschaft steigern wird. Und ein Bauernverbandspräsident fordert zusätzliche Fördermittel dafür, dass die Landwirtschaft Humus aufbaut und damit CO_2 bindet. Als ob Erhaltung und Mehrung der Bodenfruchtbarkeit nicht ureigenstes Anliegen der Landwirtschaft sein sollte. Global verursacht sie den größten Einzelbeitrag zur Erwärmung des Klimas, und zwar über die vier Hauptbereiche Vernichtung von Tropenwäldern zur Erzeugung von Futtermitteln für Stallvieh, Energieaufwand und Folgen der Erzeugung von Dünge- und Pflanzenschutzmitteln sowie Freisetzung von Methan und Lachgas, den beiden besonders wirksamen »Treibhausgasen«, die pro Molekül ein Vielfaches stärker als das CO_2 sind. Schließlich ist der Treibstoffaufwand in der Landwirtschaft enorm und ein so gewichtiger Betriebsfaktor, dass Dieselkraftstoff für Traktoren und andere Landmaschinen bekanntlich steuerlich begünstigt worden ist. Als fünfter Schwerpunkt der Auswirkungen müsste die Vernichtung der Biodiversität angeführt werden, auch wenn sie sich hierzulande nicht direkt auf das Klima auswirkt. Sehr wohl aber auf die Lebensqualität der Menschen.

In höchst geschickter Weise gelang es der Landwirtschaft, die Folgen der Vergiftung der Landschaften auf die Frage abzustellen, ob Pflanzenschutzmittel denn überhaupt, und falls ja, ab welchen Konzentrationen, beim Menschen Krebs verursachen können. Wird die Zulassung allein davon abhängig gemacht, kommt dies einem »whitewash« gleich; vulgo einem Persilschein. Denn Krebs ist eine der komplexesten und was die Auslösung betrifft am schwierigsten zu beurteilenden Erkrankungen mit oftmals Jahrzehnten der Vorlaufs- und Entwicklungszeit. Eindeutige Befunde im streng naturwissenschaftlichen Sinne können nicht erzielt werden, weil man mit Menschen keine Experimente anstellen kann. Das Rattenmodell liefert lediglich Vergleichswerte mit gewissen Wahrscheinlichkeiten dafür, dass die Ergebnisse auch für Menschen zutreffen könnten. Dagegen stehen grundlegende Unterschiede zwischen Ratten und Menschen, allen voran in Lebensdauer und Lebensstil. Ein Menschenleben soll (nach gegenwärtigem Durchschnitt bei guter Ernährung und bester medizinischer Versorgung) 80 bis 90 Jahre währen, das der Laborratten aber kaum mehr als ein Hundertstel davon. Langzeiteffekte lassen sich daher nicht direkt untersuchen. Labortests an Ratten werden unter standardisierten Lebensbedingungen vorgenommen. Solche sind gänzlich unrealistisch für Menschen. Hinzu kommt, dass die Labortests praktisch geschlossenen Verhältnissen entsprechen, der Einsatz draußen in der Natur aber in offene Systeme wirkt. Solange dortige Wirkungen nur als »Nebenwirkungen« eingestuft und solcherart geringgeschätzt werden, lassen sich Pflanzenschutzmittel nicht sachgerecht beurteilen. Umso erschütternder ist es, dass Auseinandersetzungen um die Giftigkeit, wie gegenwärtig zum Glyphosat, zulasten einiger weniger direkt betroffener Menschen ausgetragen werden. Sie sind erkrankt, auch wenn sich vielleicht die direkte Verursachung durch den fraglichen Stoff nicht schlüssig genug äußert. In diesem Zustand stehen sie als Minidavids wahren Riesen gegenüber. Ganz allein, weil Schmetterlinge und Vögel, Blumen und Bienen nichts zählen, weil all das, was in der Natur angerichtet wird, nur als Kollateralschaden gewertet wird. Noch, versucht die Hoffnung hinzuzufügen. Vielleicht wird doch bald begriffen, dass die Bereinigung der Natur ein Riesenfehler war.

Und die Alternative? Gibt es sie, oder baut die Hoffnung auf irrealen Wunschbildern? Sind es bedeutungslose Randerscheinungen, dass Gemeinden wie Mals in Südtirol aus dem Giftkreislauf aussteigen, Regionen sich von der Verwendung von Glyphosat verabschieden und ganze Länder schon, wie Thailand und Österreich? Oder stehen wir am Beginn der Wende? In Zeiten des Übergangs lässt sich noch weniger prognostizieren als bei laufenden Prozessen. Politische Umstrukturierungen deuten sich an. Gegenwärtig (Frühjahr 2021) liegt die Partei der Grünen bereits wenige Prozentpunkte vor der CDU/CSU, dem bei weitem agrarfreundlichsten Parteienkomplex. In Österreich sind die »Grünen« in der Bundesregierung. Vielleicht erzwingt funktionierende Demokratie, dass die einseitige Begünstigung endet, und übergeführt wird in ein symbiotisches Miteinander. Von diesem würden Landwirtschaft und Gesellschaft profitieren. Und die Natur dazu. Und mit ihr würde die Lebensqualität für alle ansteigen. Die Symbiose ist die Vision. Sie ist erreichbar, und sie würde funktionieren. Das hat sich in der Natur vielfach und in schier unendlicher Vielfalt bestätigt. Beim Gang zum örtlichen Wochenmarkt kommt immer mehr das Gefühl auf, dass viele kleine, aber lebenskräftige Keimzellen für diese Symbiose bereits vorhanden sind. Sie verdienen bestmögliche Förderung.

Dank

Die anhaltend turbulenten agrarpolitischen Entwicklungen ließen ein Abwarten geboten erscheinen. Der Verlag akzeptierte dies mit großer Geduld, die ich sicherlich übermäßig strapazierte. Irgendwann musste jedoch der Schnitt gemacht und der Text geschrieben werden, auch wenn er beim Erscheinen nicht up to date sein sollte. Für eine Vielzahl wertvoller Angaben und Hinweise, insbesondere zur Chemie der Pflanzenschutzmittel, sowie für die umfassende kritische Erstdurchsicht des Manuskripts danke ich Dr. Hermann Petersen. Laura Will machte zahlreiche Verbesserungsvorschläge, die ich gerne aufnahm. Meiner Frau Miki Sakamoto-Reichholf danke ich für die Bedingungen, mit denen sie meine Arbeiten ermöglicht.

Auswahl weiterführender Literatur

Burtscher-Schaden, Helmut, *Die Akte Glyphosat*, Wien 2017.

Carson, Rachel, *Der stumme Frühling*, Neuauflage 2019, München 1963.

Datta, Asit, *Welthandel und Welthunger*, München 1984.

Dohrn, Susanne, *Das Ende der Natur*, Berlin 2017.

Gillam, Cayrey, *Whitewash. The Story of a Weed Killer, Cancer, and the Corruption of Science*, Washington, D. C. 2017.

Hupke, Klaus-Dieter, *Naturschutz. Ein kritischer Ansatz*, Heidelberg 2015.

Jones, Richard, *Call of Nature. The Secret Life of Dung*, Exeter, GB 2017.

Kolbert, Elizabeth, *Das 6. Sterben. Wie der Mensch Naturgeschichte schreibt*, Berlin 2015.

Kunz, Werner, *Artenschutz durch Habitatmanagement. Der Mythos von der unberührten Natur*, Weinheim 2017.

Reichholf, Josef H., *Ende der Artenvielfalt? Gefährdung und Vernichtung der Biodiversität*, Frankfurt am Main 2008.

Reichholf, Josef H., *Stabile Ungleichgewichte. Die Ökologie der Zukunft*, Frankfurt am Main 2008.

Reichholf, Josef H., *Der Tanz um das goldene Kalb. Der Ökokolonialismus Europas*, Berlin 2011.

Reichholf, Josef H., *Schmetterlinge. Warum sie verschwinden und was das für uns bedeutet*, München 2018.

Reichholf, Josef H., *Biodiversität*, in: *Schriftenreihe Nachhaltigkeit*, Bd. 7, Hessische Landeszentrale für politische Bildung, Wiesbaden 2020.

Tivy, Joy, *Landwirtschaft und Umwelt. Agrarökosysteme in der Biosphäre*, Heidelberg 1993.

Wilson, Edward O., *Der Wert der Vielfalt. Die Bedrohung des Artenreichtums und das Überleben des Menschen*, München 1997.

Zaller, Johann G., *Unser täglich Gift. Pestizide. Die unterschätzte Gefahr*, Wien 2018.

JOSEF H. REICHHOLF, 1945 in Aigen am Inn geboren, ist einer der bekanntesten Biologen im deutschsprachigen Raum. Er lehrte über viele Jahre an beiden Münchner Universitäten und war Abteilungsleiter an der Zoologischen Staatssammlung in München. Der Bestsellerautor wurde mit zahlreichen Preisen ausgezeichnet, u. a. mit dem Sigmund-Freud-Preis für wissenschaftliche Prosa.

Erste Auflage Berlin 2021

MSB Matthes & Seitz Berlin Verlagsgesellschaft mbH
Göhrener Straße 7, 10437 Berlin
info@matthes-seitz-berlin.de

UMSCHLAG UND SATZ: Michael Rosenlehner, Berlin,
nach einem Entwurf von Pauline Altmann, Berlin
DRUCK UND BINDUNG: Beltz Grafische Betriebe, Bad Langensalza
ISBN 978-3-95757-630-9

www.matthes-seitz-berlin.de